Franziska Schneebeli

Verhandeln beginnt da, wo Überreden aufhört

FRANZISKA SCHNEEBELI

VERHANDELN

BEGINNT DA, WO ÜBERREDEN AUFHÖRT

SCHLÜSSELKOMPETENZEN FÜR ERFOLGREICHE GESPRÄCHE

GOLDEGG

Umschlaggestaltung: Danni Wiebelhaus, www.danniwiebelhaus.de
Rechte Autorenfoto: Diethard Kaiserseder
Fotograf: Diethard Kaiserseder
Rechte Grafiken im Kern: Franziska Schneebeli

Aus Gründen der besseren Lesbarkeit wird auf die gleichzeitige Verwendung der Sprachformen männlich, weiblich und divers (m/w/d) verzichtet. Sämtliche Personenbezeichnungen gelten gleichermaßen für alle Geschlechter.

Der Verlag und seine Autorin sind für Reaktionen, Hinweise oder Meinungen dankbar. Bitte wenden Sie sich diesbezüglich an verlag@goldegg-verlag.com.

Der Goldegg Verlag achtet bei seinen Büchern und Magazinen auf nachhaltiges Produzieren. Goldegg-Bücher sind umweltfreundlich produziert und orientieren sich in Materialien, Herstellungsorten, Arbeitsbedingungen und Produktionsformen an den Bedürfnissen von Gesellschaft und Umwelt.

ISBN: 978-3-99060-374-1

Unter den Linden 21 • D-10117 Berlin
Telefon: +49 800 505 43 76-0

Goldegg Verlag GmbH, Österreich
Mommsengasse 4/2 • A-1040 Wien
Telefon: +43 1 505 43 76-0

E-Mail: office@goldegg-verlag.com
www.goldegg-verlag.com

Layout, Satz und Herstellung: Goldegg Verlag GmbH, Wien
Printed in the EU

INHALTSVERZEICHNIS

TIPPS

VORWORT

»Wer nicht weiß, wo er hinmöchte, kommt leicht dorthin, wo er nicht sein will.« Dieses Zitat hat mich mein Leben lang begleitet, meine Arbeit geprägt und mich zur Meisterin sorgfältiger Vorbereitungen gemacht. In diesem Buch möchte ich dir zeigen, warum meine Verhandlungen erfolgreich sind, und dir praktische Umsetzungstipps mitgeben. Verhandlungen sind ein wesentlicher Bestandteil des täglichen Lebens, sowohl im beruflichen als auch im privaten Kontext.

Bei einem wichtigen Vortrag überlegen wir uns vorher genau, was wir sagen möchten, wie wir das Publikum in den Bann ziehen wollen und welchen Eindruck und welche Botschaft wir den Zuhörern vermitteln möchten. Diese Gedanken sollte man sich bei jeder Art von Verhandlung auch machen. Vorher.

Hast du auch schon mal etwas gesagt, das du eigentlich nicht sagen wolltest? Für ausgesprochene Worte kann man sich zwar entschuldigen, aber man kann sie nicht wieder zurücknehmen. Worte hinterlassen einen bleibenden Eindruck, ob wir wollen oder nicht. Mit falsch gewählten Worten oder Fragen bekommst du nicht, was du möchtest. Mit den Tipps in diesem Buch passieren unbedachte Äußerungen deutlich weniger und die Gesprächsführung bleibt bei dir. Du bekommst immer genau das, was du verhandelst.

Zusätzlich möchte ich einen Aspekt nennen, warum es sinnvoll ist, sich auch im Businesskontext intensiv in die Welt der Verhandlungen hineinzudenken und die erlernten Techniken anzuwenden. Eine gute Verhandlungsvorbereitung, Durchführung und professionelle Nachbereitung tragen dazu bei, die Kosten eines Unternehmens massiv zu reduzieren. Wenn alle Mitarbeiter auf allen Ebenen erfolgreich verhandeln können, wird das gesamte Unternehmen profitieren.

Es ist wichtig zu verstehen, dass Verhandlungen nicht nur zwischen Unternehmen und ihrer Kundschaft oder Lieferanten stattfinden, sondern auch intern eine große Rolle spielen – sei es bei der Arbeitsqualität, bei Terminen, Lohnerhöhungen, Anstellungen, Abgängen oder anderen Faktoren. Eine erfolgreiche interne Verhandlungsführung trägt zu einem guten Arbeitsklima sowie zu Effizienz und Effektivität bei, dies wiederum beeinflusst die Kosten im Unternehmen.

Wie sich das in Zahlen messen lässt? Zugegeben, es ist schwierig, die direkten Auswirkungen dieser Ersparnisse in Zahlen und Fakten darzustellen. Es gibt kein Konto in der Buchhaltung, welches das ersichtlich darstellen kann. Meine langjährige Erfahrung als Beraterin und Trainerin für Verhandlungen jedoch bestätigt, dass es sich in einem Unternehmen immer lohnt, aktiv an der Verhandlungsfähigkeit der Angestellten und Mitarbeitenden zu arbeiten – sei es durch Bücher, Workshops oder Übungen zur praktischen Umsetzung.

Dies gilt nicht nur für Unternehmen, sondern auch für Privatpersonen, die im täglichen Leben Verhandlungen führen, sei es beim Jobwechsel, der Wohnungssuche, dem Hauskauf oder Meinungsaustausch. Effektive Verhandlungstechniken sind entscheidend, um die Ziele zu erreichen, die man sich vorgenommen hat.

Denke daran:

»Nur Übung macht den Meister und es ist noch kein solcher vom Himmel gefallen!«

Die Lektüre dieses Buches und die Anwendung der erlernten Techniken können deine Verhandlungskompetenz kontinuierlich verbessern und werden einen großen Einfluss auf die Ergebnisse deiner Verhandlungen haben.

TEIL 1

VOR DER VERHANDLUNG

WER VORBEREITET,
HAT KLARHEIT!

Der Vorbereitung wird allgemein zu wenig Aufmerksamkeit geschenkt und ich bin mir sicher, dass das der Grund ist, warum viele Verhandlungen nicht zu den Ergebnissen führen, die angestrebt werden. Warum? Weil wir uns selbst manchmal überschätzen. Du kennst das bestimmt: »Ich weiß doch schon, was ich sagen will. Lass mich erst mal sehen, was die anderen wollen.« Hier liegt der Knackpunkt: Es ist wichtig, sich vorab über die eigenen Verhandlungsziele im Klaren zu sein. Sonst geht man unbefriedigt aus dem Meeting raus, weil kein gemeinsamer Nenner, keine Einigung, kein Abschluss gefunden und die gemeinsamen Projektziele nicht erreicht wurden. Das muss nicht sein! Um erfolgreich zu verhandeln, muss man sich sowohl auf die Vorbereitung als auch auf die Durchführung konzentrieren.

In diesem Buch zeige ich in einer Art Schritt-für-Schritt-Anleitung, wie erfolgreiche Verhandlungsführung aussieht. Das sind grundlegende Techniken und Strategien, die du brauchst, um in allen Verhandlungssituationen in jedem Moment in einer starken Position zu sein.

Wenn du eine Verhandlung vor dir hast, egal ob es sich um ein Chef-Mitarbeiter-Gespräch für mehr Gehalt oder einen Wohnungskauf handelt oder du von einem potenziellen Kunden einen Auftrag einholen möchtest, tust du gut daran, dich gezielt darauf vorzubereiten. Das zu unterlassen bedeutet, wertvolle Ressourcen zu verschenken, Chancen nicht zu nutzen oder unnötige Risiken einzugehen.

Für Spitzensportler ist die gezielte Vorbereitung auf einen Wettbewerb selbstverständlich – das gilt nicht nur für Wettkämpfe, sondern auch für Verhandlungen. Sie haben ihr Ziel klar vor Augen und bereiten sich mental vor. Die Skifahrerin fährt innerlich unzählige Male die Piste runter, durch jedes Tor und jede Kurve. Dabei geht sie vor ihrem geistigen Auge immer wieder die optimale Route durch. Der Extrem-Bergsteiger bereitet sich mental auf alle gefährlichen Passagen seiner Expedition vor. Der Kletterer hangelt sich vorab schon gedanklich Griff für Griff durch Felsspalten und Überhänge, so lange, bis er seine perfekte Linie gefunden und verinnerlicht hat.

Genau das machst du im Vorfeld einer Verhandlung auch. Wenn du mehrere ähnliche Kundengespräche vor dir hast, reicht es, alle Punkte einmal schriftlich auszuarbeiten und zu verinnerlichen, sodass du sie immer wieder abrufen kannst. Mit hilfe von Erfolgsankern aus dem *Neuro-Linguistischen Programmieren (NLP)* kannst du dich vor jedem neuen Termin schnell einstimmen. Mit einem Erfolgsanker kannst du positive Gefühlszustände speichern und bei Bedarf abrufen. So, wie Sportler es machen.

Sich gut vorzubereiten ist vergleichbar mit einer Bergwanderung:

Wenn du alles im Rucksack hast, egal ob Extra-Regenjacke, Müsliriegel oder Thermofolie, bist du für jede Situation gerüstet.

Das gibt dir Sicherheit, selbst wenn du das eine oder andere später gar nicht brauchst. Genau darum geht es auch bei der Vorbereitung: Für alle Verhandlungssituationen gerüstet zu sein, gibt dir ein gutes Gefühl und lässt dich souverän in das Gespräch gehen. Diese Sicherheit strahlst du auch in Richtung deines Gegenübers aus.

Eine gezielte Vorbereitung hat drei wichtige Faktoren. Zum einen das Mindset, wobei es um die richtige mentale Einstellung geht. Weiters den Inhalt, der die Essenz der Verhandlung bestimmt, und zu guter Letzt die Organisation, die beispielsweise Ort, Infrastruktur und Ablaufplanung beinhaltet.

Im Folgenden möchte ich die Vorbereitung außerdem von drei Seiten beleuchten.

- Das ICH – Meine Absicht vorbereiten
- Das DU – Die Perspektive wechseln
- Das WIR – Gemeinsame Ziele aufdecken

Nun fragst du dich vielleicht noch, was der richtige Zeitpunkt für die Vorbereitung ist. Manche Menschen machen das frühzeitig, manche in letzter Minute, damit alles frisch im Gedächtnis ist. Das ist ein gutes Argument. Ich persönlich bevorzuge Abstand zwischen Vorbereitung und Verhandlung, etwa zwei Wochen vorher. Dann kann das Unterbewusstsein in der Zeit dazwischen für mich arbeiten und ich bekomme zusätzliche Ideen. Beim Autofahren passiert es oft, dass ich mit völlig anderen Gedanken beschäftigt bin und mir plötzlich etwas zu diesem Thema einfällt, was ich noch zu berücksichtigen habe. Wenn ich persönlich alles in letzter Minute überlege, habe ich keinen Spielraum, um zusätzlich gute Inputs oder Impulse zu integrieren.

Für manche ist es wichtig, sich früh vorzubereiten, für andere nicht. Jeder sollte es so machen, wie es passt. Scheinbar ist der Aufwand bei frühzeitiger Vorbereitung auf den ersten Blick deshalb größer, weil du deine Notizen noch einmal anschauen kannst, bevor es losgeht. Sie helfen mir, um mich einzustimmen.

KAPITEL 1

DAS ICH – MEINE ABSICHT VORBEREITEN

Zuerst geht es um dich. Was willst du erreichen, unabhängig davon, was deine Gesprächspartnerin, dein Gegenüber, vielleicht sogar dein Gegner möchte? Sich vorab glasklare Ziele zu setzen, ist die Grundlage für erfolgreiches Verhandeln. Sich die Ziele genau zu überlegen, bedeutet, einen roten Faden während des Gesprächs zu haben und Schritt für Schritt auf sie zuzugehen. Die Ziele nicht aus den Augen zu verlieren. Die Ziele, die du für dich festlegst, sollten *SMART* sein. *SMART* steht für *spezifisch, messbar, attraktiv, realistisch* und *terminiert.* Sie geben Grundsicherheit und helfen, den Fokus auf das Wesentliche zu legen und Prioritäten genau zu definieren. Diese Ziele setzt du im ersten Teil der Vorbereitung zunächst nur für dich, und es ist nicht sinnvoll, sie gegenüber der anderen Verhandlungspartei zu kommunizieren.

Sich Ziele zu setzen, bedeutet, das Mindset in eine Richtung zu lenken. Was bedeutet »Mindset«? Mindset bezeichnet die eigenen Denkweisen, Überzeugungen und inneren Einstellungen, die wir einnehmen. Sie prägen unsere Verhaltensmuster in bestimmten Situationen. Um dein Mindset in Bezug auf eine bevorstehende Verhandlung positiv zu verändern, lass uns einen kleinen Ausflug ins NLP machen. Ich benutze dazu Tools, die auch du zur Vorbereitung nehmen kannst.

Im ersten Kapitel geht es darum, wie *du dich* auf verschiedenen Ebenen auf deine Verhandlung vorbereiten kannst. Dabei gehe ich davon aus, dass du zu der Verhandlung einlädst oder dich gedanklich auf eine Verhandlung vorbereitest.

Darum mache dir Gedanken darüber: Welches konkrete Ergebnis möchtest du aus der bevorstehenden Verhandlung mitnehmen? Was soll hinterher für dich persönlich anders oder besser sein? Ich erlebe es immer wieder, dass Menschen in Verhandlungen gehen, ohne eine konkrete Vorstellung zu haben, was dabei rauskommen soll. Grob ja – genau aber nicht. Sie lassen es auf sich zukommen und glauben, intuitiv zu reagieren reiche aus. Das funktioniert mal besser, mal schlechter. Meist schlechter. Dadurch wird jedoch echtes Potenzial verschenkt und manchmal auch viel Geld.

1. Tipp: Definiere ein klares Ziel

Dieses Ziel ist nur für dich. Es zu definieren, heißt nicht, dass du es nach außen kommunizieren musst. Nehmen wir an, du lädst einen Kunden ein, bittest deine Chefin um ein Gespräch oder setzt dich privat mit jemandem zusammen, um eine Einigung in einer bestimmten Situation zu erzielen. Stellt sich da nicht die Frage »Wie soll die Einigung konkret aussehen«? Mit welcher Einigung möchtest du aus dem Meeting rausgehen? Je klarer du dir darüber bist, desto einfacher wirst du das Ziel erreichen. Es geht allerdings nicht nur um ein grobes Ziel. Sinnvoll ist es, sich auf der einen Seite das bestmögliche, auf der anderen Seite das denkbar schlechteste Ergebnis genau zu überlegen. Best-Case- und Worst-Case-Szenario. Warum?

Es gibt viel Sicherheit, die eigene Schmerzgrenze nach unten zu kennen. Wann musst du aus der Verhandlung aussteigen? Ebenso verhält es sich mit dem Ziel nach oben. Wie sieht deine Wunschvereinbarung konkret aus?

Mal angenommen, du gehst in ein Lohngespräch mit deinem Chef. Da ist es gut zu wissen: Was ist das niedrigste Gehaltsangebot, das du noch mit einem guten Gefühl akzeptieren kannst? Gleichzeitig: Welches Spitzengehalt strebst du an? Innerhalb dieser Bandbreite verhandelst oder pokerst du. Diese Eckpfeiler zu kennen, gibt dir einen unschlagbaren Vorteil. Ist das Minimum erreicht, setzt du ein »Stopp«, kündigst oder tust das, was in deiner Situation möglich ist. Du verkaufst dich nicht unter dem Wert oder gehst mit dem Gefühl raus, man habe dich über den Tisch gezogen. Das Minimalziel und die eigene, auch finanzielle Schmerzgrenze zu kennen, ist dein Sicherheitsanker. Er schützt dich davor, Aufträge anzunehmen, die dich ruinieren könnten, weil sie einen zu schlechten oder gar keinen Gewinn mehr haben.

Das Minimalziel darf nie zu niedrig angesetzt sein, denn dein übergeordnetes Ziel ist, dass du mit dem Minimalziel noch zufrieden bist. Wenn das Ziel beispielsweise ist, einen guten, kompetenten Eindruck zu hinterlassen, auch wenn alles andere in der Verhandlung schiefläuft, ist das ein wichtiges Ergebnis für die Zukunft. Dahinter steht vielleicht der Wunsch, dem Gegenüber jederzeit wieder begegnen und in die Augen schauen zu können.

Ein klares Ziel vor Augen zu haben, ist wie die Routenplanung im Navigationsgerät.

Das Maximalziel dagegen beschreibt das Allerbeste, was du dir vorstellen kannst. Dein Traumergebnis. Auch das kommunizierst du selbstverständlich nicht. Das Maximalziel vor Augen zu haben, wird dich motivieren und anspornen. Es stärkt deine Motivation. Ist ein Motor. Kennst du Minimal- und Maximalziel, hast du eine klar definierte Bandbreite, innerhalb derer du dich bewegen kannst. Auch das gibt dir viel

Sicherheit. Darum ist ein wesentlicher Teil der Vorbereitung, diesen Verhandlungsspielraum festzulegen.

Was passiert, wenn du dir diese Gedanken nicht machst? Lass mich das anhand eines Beispiels aus dem Spitzensport erklären: Ein Abfahrtsläufer im Skisport kennt seine optimale Linie. Links und rechts befinden sich imaginäre Leitplanken, innerhalb derer er sich bewegt. Die Leitplanken repräsentieren Minimal- und Maximalziel. Wenn er diesen Bewegungsspielraum verlässt und außerhalb der Leitplanken gerät, kann schnell ein Skiunfall passieren.

Mit einem Minimal- und Maximalziel setzt du dir Leitplanken. Du schaffst Verhandlungsspielraum. Nichts anderes. Solange du dich darin bewegst, erreichst du ein Ergebnis, das dir Gewinn bringt. Mit dem du alles erreichen kannst: von »noch zufrieden« bis »sehr glücklich«. Selbst wenn du nur das Minimalziel erreichst, zahlst du nicht drauf. Das gilt vor allem für Verhandlungen, in denen es um Preise geht. Wenn du die Untergrenze vorher kennst, legst du den Moment deines Ausstiegs oder des »Neins« fest. Dies ist auch ein wertvoller Beitrag für deine Branche, damit sich die Preisspirale nicht langsam nach unten verschiebt.

Tipp: Halte diesem Preiskampf etwas entgegen und stelle dir vor, dass es dein Unternehmen ist, es also um dein eigenes Portemonnaie geht. Wie soll dann der Preis aussehen?

Wenn du allerdings den Fehler machst und deine eigene Zielsetzung ignorierst, wird es dir schaden. Leitplanken geben Orientierung. Du kennst deinen Spielraum, wirkst souverän, und das spürt dein Gesprächspartner.

Intuition – ein unterschätztes Instrument

Intuition ist wie ein Bauchgefühl oder eine Ahnung, die wir manchmal haben, ohne genau zu wissen, warum. Sie entsteht automatisch, ohne bewusstes Nachdenken. Die einen schwören drauf, die anderen vertrauen lieber auf ihren Verstand. Wissenschaftlich betrachtet ist Intuition jedoch ein natürlicher Prozess der menschlichen Informationsverarbeitung, bei der wir unbewusst und schnell Entscheidungen treffen können, Urteile abgeben oder Probleme lösen, ohne uns auf die Analyse oder Logik des Verstandes zu stützen.

Das klingt paradox, ist es aber nicht: Intuition hilft uns, in komplexen und unklaren Situationen angemessen zu reagieren, insbesondere wenn schnelle Entscheidungen erforderlich sind oder keine ausreichenden Informationen für eine vollständige rationale Analyse zur Verfügung stehen. Sie ermöglicht uns, Muster und Zusammenhänge zu erkennen, die auf den ersten Blick nicht offensichtlich sind, und uns an unsere Umgebung anzupassen. Auch wenn Intuition manchmal als irrational oder geheimnisvoll angesehen wird, beruht sie auf Informationen, die in unserem Gedächtnis gespeichert sind und die wir in bestimmten Situationen abrufen.

In Verhandlungen kann Intuition ungemein nützlich sein. Sie hilft dir in manchen Situationen, Entscheidungen schneller und effizienter zu treffen, insbesondere wenn es um komplexe oder unklare Aspekte der Verhandlung geht. Darüber hinaus schärft sie die Wahrnehmung für nonverbale Kommunikation. Intuitiv kannst du anhand der Körpersprache, des Tonfalls und anderer nonverbaler Signale das Verhalten deines Gegenübers interpretieren. Dadurch kannst du möglicherweise Informationen über dessen Emotionen, Motivationen und Absichten gewinnen, die nicht direkt ausgesprochen werden. Doch dazu später mehr.

Auch beim Beziehungsaufbau, auf den ich später eingehen werde, ist Intuition nützlich. Die intuitive Fähigkeit, die Bedürfnisse und Wünsche des Gegenübers zu erkennen, baut Vertrauen auf und stellt eine stärkere Verbindung zwischen dir und den Verhandlungsparteien her.

Nicht zuletzt ist Intuition eine Quelle für Kreativität und Flexibilität, die in fast jeder Verhandlung gebraucht wird. Ideen entstehen praktisch aus dem Nichts und innovative Lösungen für Probleme werden entdeckt, die bei einer rein analytischen Herangehensweise möglicherweise übersehen worden wären.

Wenn du mit deiner Intuition vertraut bist, denkst du dir vielleicht: »Ich gehe lieber ohne Vorbereitung ins Gespräch, damit ich der Intuition genügend Raum geben kann.« Guter Punkt. Ich werde oft mit diesem Argument konfrontiert, weil Menschen mit einer guten Intuition befürchten, zu viel Vorbereitung könne spontane intuitive Wahrnehmung außer Kraft setzen. Der Meinung bin ich nicht. Aus Erfahrung weiß ich, je besser ich vorbereitet und für alle Eventualitäten gewappnet bin, desto entspannter bin ich und desto mehr Raum bekommen Intuition und Kreativität, vor allem, wenn es um wichtige Themen geht. Wir alle wissen, dass sich Intuition am besten im stressfreien Zustand entfalten kann, dann, wenn man in seiner Kraft und inneren Mitte ist. Wer vorbereitet, hat Klarheit. Intuition funktioniert, wenn du mit dir im Einklang bist. Das ist zwar meine persönliche Hypothese, doch du kannst darauf vertrauen. Ich habe es hundertfach erlebt und es hat immer funktioniert.

2. Tipp: Notiere deine Vorbereitungsergebnisse

Etwas schriftlich zu fixieren hat weitaus mehr Kraft, als nur über etwas nachzudenken. Das schriftliche Festhalten der angestrebten Verhandlungsziele hat eine intensive Wirkung auf unser Unterbewusstsein. Wenn wir etwas aufschreiben, aktivieren wir nicht nur unsere Konzentration, sondern auch unsere Hand-Kopf-Koordination. Durch das Schreiben verankern sich die Ziele nicht nur im Bewusstsein, sondern auch im Unterbewusstsein. Das hilft, eine tiefere Verbindung zu unseren Absichten herzustellen. Zudem fördert das Schreiben die Neuroplastizität des Gehirns, indem es neue neuronale Verbindungen formt. Das bedeutet, das Gehirn passt sich an äußerliche Gegebenheiten an, indem es durch eben genannte neue Verbindungen seine Funktion beziehungsweise seinen Aufbau angleicht. Dieser Vorgang löst positive emotionale Reaktionen aus und stärkt unser Gefühl von Selbstwirksamkeit und Motivation. Schriftlich fixierte Ziele geben der inneren Kraft einen Schub und machen uns bereit, auch konkrete Schritte dafür zu setzen. Das geschriebene Wort ist wie eine inspirierende Quelle, die uns darin bestärkt, die Macht zu haben, alles zu erreichen und unser volles Potenzial auszuschöpfen.

Um das noch zu verstärken, kannst du das Mittel der kraftvollen Visualisierungen nutzen. Wie geht das? Stell dir dein Maximalziel vor. Wie sieht es in einer konkreten Situation aus? Wie fühlt es sich an, wenn du das Wunschgehalt durchsetzen konntest und dir nun den langersehnten Urlaub in der Karibik und das neue Auto leisten kannst? Was wird sich in deinem Leben positiv verändern? Male dir eine Situation so konkret wie möglich aus und versuche, sie zu fühlen, zu schmecken, zu riechen und dich darin zu bewegen.

Dann visualisiere dein Minimalziel auf die gleiche Weise. Wo wärest du noch zufrieden und ab welchem Punkt nicht mehr? Dieser Punkt darf nicht erreicht werden. Welchen Vorteil hast du, wenn du das erreichst? Nun kennst du oberste und unterste Grenzen. Nun visualisiere den Moment deines Ausstiegs, wenn der Punkt des Zufriedenseins kippt, weil sich die Verhandlung zu weit nach unten bewegt. Mache dich innerlich mit dem Moment vertraut, sodass dir das »Stopp« oder »Nein« klar über die Lippen kommt, wenn dieser Moment eintrifft. Mit Klarheit strahlst du Souveränität und innere Stärke aus. Zuletzt nimm den ganzen Spielraum beziehungsweise die gesamte Bandbreite wahr, die sich zwischen beiden Zielen befindet. Mache dir bewusst, wie viele Möglichkeiten es darin gibt.

Ausstrahlung – wie wir sie steuern und für unsere Zwecke nutzen können

Wir wirken immer, egal wo wir sind und was wir tun. Die persönliche Wirkung bestimmt, wie du von anderen Menschen und in unserem Fall von deinem Gegenüber in der Verhandlung wahrgenommen wirst. Trittst du selbstbewusst auf, signalisierst du damit, dass du an dich und deine Fähigkeiten glaubst. Das spürt man in einem Gespräch und du wirst automatisch ernster genommen. Eine positive Ausstrahlung lässt dich sympathisch und überzeugend wirken, was wiederum die Wahrscheinlichkeit für eine offenere Grundstimmung erhöht und die Verhandlung einfacher macht. Bist du souverän, kommst du kompetent, gelassen und kontrolliert rüber, wirst als vertrauenswürdig wahrgenommen, unabhängig von den Herausforderungen, denen du dich während des Verhandlungsprozesses stellen musst.

Welchen Eindruck möchtest du in einer – vielleicht für dich sehr wichtigen – Verhandlung bei anderen Menschen machen? Wenn ich den Teilnehmenden meiner Seminare diese Frage stelle, kommt meist spontan die Antwort: »Fachkompetent.« Dann schmunzle ich und sage: »Okay. Fachkompetent und unsympathisch?« Fachkompetenz kommt oft langweilig, besserwisserisch und wenig sympathisch rüber. Wenn du beruflich beispielsweise zu einem Kunden oder zu deiner Chefin gehst, wird Fachkompetenz als selbstverständlich vorausgesetzt. Das erwartet man von dir. Wenn du zu einem Punkt, der besprochen werden soll, kein Fachwissen hast und nur um den heißen Brei herumredest, wird das schnell klar und schwächt deine Position. Darum erarbeite dir im Vorfeld diese Punkte oder nimm jemanden mit, der diese fachliche Darstellung übernehmen kann, wie eine Expertin oder einen Kollegen. Das stärkt deine Position. Fachkompetenz ist also keine Wirkung, sondern eine Basis.

3. Tipp: Plane einen bleibenden Eindruck

Wenn du dir etwas genau vorstellen kannst, ist die Chance groß, dass du das auch erreichen wirst. So ist es auch mit der Wirkung, die du bei anderen haben willst. Soll sie souverän und überlegt sein oder lebendig und kreativ? Du kannst dich darauf vorbereiten, dass diese Wirkung da ist, wenn du die Vorstellung davon in dir hast. Ich persönlich setze seit Jahren auf eine Technik aus dem NLP. Als Antwort auf die Frage »Wie will ich wirken? Habe ich diese Wirkung schon einmal erfolgreich in einer Verhandlung eingesetzt?« suche ich in meiner Erinnerung diese konkrete Situation aus der Vergangenheit, einen Moment, in dem ich diese Wirkung ausgeübt habe. Die eigene Wirkung mithilfe von Bildern aus der Erinnerung vorzubereiten und damit effektiv einen Anker aus dem NLP ins System zu setzen, steht im krassen Gegensatz zu allgemeinen, eher esoterischen Theorien von planlosen Visualisierungen. Wischiwaschi sagt im Allgemeinen: Wenn du positiv denkst, kommst du auch gut rüber.

Dieser Meinung bin ich nicht. Ich glaube, wenn ich eine bestimmte Wirkung überzeugend rüberbringen will, muss ich sie schon einmal überzeugend er- und gelebt haben. Mit erfolgreichem Ergebnis. Was ich nicht erlebt habe, ist nicht in meiner Erinnerung abgespeichert.

Nehmen wir als Beispiel »Überzeugend wirken«. Wann warst du das letzte Mal echt überzeugend und hast genau das erreicht, was du wolltest? Mit welchen Mitteln? Mit welchem Auftreten? Erinnerst du dich daran? Mithilfe der *Visualisierungs- und Verankerungstechnik* zapft man im NLP die eigenen Ressourcen an und setzt sie gezielt ein. Das funktioniert, auch wenn der Moment der Erinnerung schon lange her ist.

Gibt es einen Zustand in deiner Erinnerung, den du einsetzen möchtest: War es ein Einstellungsgespräch? Wenn du da nicht überzeugend gewesen wärest, hättest du deinen Job nicht bekommen. War es ein erfolgreiches Kundengespräch, in dem du einen Auftrag für ein großartiges Projekt an Land gezogen hast? Was es auch war, gehe gedanklich in diesen Moment zurück. Visualisieren und Verankern ist eine großartige Möglichkeit, das eigene Mindset positiv zu verändern.

Versetze dich intensiv in die Situation der Erinnerung und hole sie mit allen Sinnen ins Hier und Jetzt.

Spüre und erlebe sie. Intensiv. Gestalte die Vorstellung bewusst so lebendig wie möglich. Hole den Zustand mit allen Facetten und allen Sinnen in dein Bewusstsein: Wie hast du dich gefühlt? Was hast du gesagt? Wie klangen deine Worte? Was spiegelte sich in deinem Gesicht, was in deinem Körper wider? Welche typischen Bewegungen hast du gemacht? Was hast du von deiner Umgebung wahrgenommen? Wie reagierten die anderen auf dich? Du kannst mit allen Sinneskanälen arbeiten: visuell, auditiv und kinästhetisch (die Gesamtheit der Körperempfindungen), je nachdem, was deine Erinnerung hergibt. Um das Gefühl abrufbar zu machen.

Einen Anker zu setzen bedeutet, einen Zustand abzuspeichern, ähnlich wie Daten auf einer Festplatte.

Was genau bedeutet es, einen Anker zu setzen? Die Verankerungstechnik aus dem NLP ist eine faszinierende Möglichkeit, positive mentale Zustände bewusst herbeizuführen. Indem wir bestimmte Reize – sei es eine Berührung, ein Wort oder ein Symbol – mit einem gewünschten inneren Zustand wie Selbstvertrauen, Entspannung oder Motivation verbinden, sind sie zum sofortigen Abruf verankert. Wir können sie in Sekundenbruchteilen in verschiedenen Situationen nutzen. Es ist eine kraftvolle Art, die eigene innere Stärke und positive Energie zu aktivieren, um Ziele zu erreichen und sein volles Potenzial zu entfalten.

Das kennst du vielleicht: Wenn du ein Lieblingslied hörst oder einen bestimmten Geruch wahrnimmst, tauchen wie aus dem Nichts Erinnerungen auf, die mit einem guten, manchmal auch mit einem negativen Gefühl verbunden sind. Im Unterbewusstsein sind Bilder oder Gefühle abgespeichert, die von einem Lied oder einem Geruch hervorgerufen werden können. Das ist ein Anker. Das kannst du bewusst steuern, indem du ein starkes Gefühl aus einer Situation in der Vergangenheit – in unserem Beispiel das »Überzeugendwirken« – ins Hier und Jetzt holst und es durch die Berührung einer Stelle an deinem Körper verankerst.

Die Mindset-Vorbereitung ist nichts, was man schnell mal in wenigen Minuten vor einer Verhandlung macht. Das erste Mal braucht es Zeit und einen ungestörten, geschützten Raum, um den Anker ein paar Tage vorher zu setzen. Manchmal braucht es auch eine oder mehrere Wiederholungen, bis der mentale Anker integriert ist. Nimm sie dir. Probiere es aus. Prüfe, ob er wirkt. Wenn ein Anker gesetzt ist, bleibt er dauerhaft. Wenn du in verschiedenen Verhandlungen unterschiedliche Wirkung erzeugen willst, speicherst du die Zustände an verschiedenen Körperstellen mit mehreren Ankern ab.

Wähle für deinen Anker eine Stelle an deinem Körper, die du jederzeit unauffällig berühren kannst.

Bitte nicht an der Fußsohle, denn die zu berühren, würde garantiert auffallen. Gute Stellen sind Armbeugen, Ohr, Hals, Stirn, am Hinterkopf oder auf dem Oberschenkel. Ich werde oft gefragt, ob ein Anker wieder verschwindet oder ob man auch mehrere Anker setzen kann. Ich sehe Anker wie Zimmerpflanzen: Du kannst so viele haben, wie du willst, doch wenn du sie nicht pflegst, gehen sie ein.

Anker wollen berührt und immer wieder aktiviert werden. Dann funktionieren sie zuverlässig über einen langen Zeitraum.

Indem du während der intensiven Erinnerung eine Stelle an deinem Körper mit der Hand oder mit den Fingern berührst, setzt du einen Anker. Erlebe das Gefühl des Zustandes wie bereits oben beschrieben intensiv, mit allen Sinnen, mehrere Minuten lang. Das ist schon alles. Dann gehe aus deiner Erinnerung raus, nimm dann die Hand weg. Durch erneutes Berühren der gewählten Körperstelle wird das Gefühl wie von Zauberhand sofort wieder ausgelöst. Das klingt etwas gespenstisch, ist aber unsere natürliche Fähigkeit der Zellerinnerung und die unglaubliche Kraft des Unterbewusstseins. Dies entdeckte Ivan P. Pawlow, basierend auf der Reiz-Reaktions-Kopplung. Es funktioniert. Probiere es aus!

Die Verankerungstechnik ist im Spitzensport längst zur

Selbstverständlichkeit geworden. Sportler und Sportlerinnen nutzen sie, indem sie ihre Anker in Form von Erinnerungen an ihre besten Trainings und größten Erfolge setzen. Eine Goldmedaille, ein gewonnenes Spiel, ein atemberaubender Zieleinlauf – all diese Momente haben eine besondere Kraft. Anker bleiben oft persönlich und werden selten nach außen kommuniziert. Der Sport zeigt uns, dass die Wirkung der Anker keineswegs gespenstisch ist. Schon Edward A. Murphy hat es in einem seiner Gesetze treffend formuliert: Misserfolg zieht Misserfolg an, Erfolg zieht Erfolg an. Die Verankerungstechnik ermöglicht es uns, diese Erfolge bewusst zu aktivieren und so unsere Leistungsfähigkeit und unser Selbstvertrauen zu steigern. Um dich vor der Verhandlung in den gewünschten Zustand zu versetzen, berührst du unauffällig die Körperstelle, an der du den Anker gesetzt hast. Das kannst du jederzeit machen, auch zwischendurch immer wieder, beispielsweise wenn du unsicher wirst oder das Gefühl hast, der andere ist dir überlegen.

Ein starker Anker wird dich in Momenten des Zweifels oder der Unterlegenheit sofort wieder ins Lot bringen. Dann, wenn dich Argumente deines Gesprächspartners überraschend aus der Balance bringen oder man versucht, dich aus der Reserve zu locken. Mit einer einzigen Berührung versetzt du dich blitzschnell wieder in das großartige Gefühl, du bist sofort wieder in deiner Mitte und der Gewissheit, dass du schaffen kannst, was du dir vorgenommen hast. Du strahlst wie auf Knopfdruck wieder Überzeugungskraft und innere Sicherheit aus, wenn das dein Anker ist. Interessant ist, dass der Körper sich an solche erfolgreichen Momente erinnern und sie aus den Tiefen des Unterbewusstseins jederzeit holen kann. Das erklärt auch, warum Menschen mit großer Lebenserfahrung so viele Ressourcen haben. Viele Menschen nutzen sie intuitiv, mit oder ohne Anker, und sind damit nicht selten erfolgreicher als Menschen ohne diese innere Vielfalt.

Sich seine persönliche Wirkung vorab zu überlegen und mit Ankern zu belegen, hilft nicht nur bei Verhandlungen, sondern auch bei Präsentationen, wichtigen Gesprächen oder Bühnenauftritten.

Wenn du plötzlich den Faden verlierst, einen Moment unkonzentriert bist oder durch eine Frage des Publikums aus dem Konzept geworfen wirst, berührst du unauffällig die Ankerstelle. Sekundenschnell bist du wieder hundertprozentig da. Anker sind kraftvoll, denn du hast auf einen Schlag in jeder Situation alles, was du brauchst, um erfolgreich auftreten zu können. Ich habe das hundertfach gemacht, als ich noch als Vertriebsleiterin unterwegs war. Auf dem Weg zum Kunden, kurz bevor ich aus dem Auto stieg, habe ich meinen Anker ausgelöst und war in meiner vollen mentalen Energie.

Mindset-Vorbereitung für erfolgreiches Verhandeln

Die mentale Grundeinstellung ist von großer Bedeutung für deinen Erfolg und die Ergebnisse in einer Verhandlung. Sie beschreibt die grundlegende Haltung und Überzeugung dir selbst gegenüber, aber auch die Einstellung zur Welt und zu anderen Menschen. Eine positive mentale Grundeinstellung wie beispielsweise »Du bist okay. Ich bin okay« ermöglicht es, auf Augenhöhe mit anderen zu kommunizieren, Konflikte konstruktiv zu lösen und das eigene Potenzial zu leben. Sie stärkt Selbstvertrauen, fördert gesunde zwischenmenschliche Beziehungen und hilft, Herausforderungen mit Zuversicht anzugehen. Mit anderen Worten: Eine positive mentale Grundeinstellung schafft ein solides Fundament für eine souveräne Verhandlungsführung. Darum bin ich der Meinung, neben dem »Ankersetzen« ist es sinnvoll, grundsätzlich auch die eigene mentale Grundeinstellung unter die Lupe zu nehmen. Meine Grundeinstellung kommt übrigens aus der Transaktionsanalyse (Schulz von Thun) und heißt, wie gerade schon verraten: »Du bist okay. Ich bin okay.« Die brauche ich nicht verankern, weil es meine grundsätzliche Lebensphilosophie ist, die ich täglich aus Überzeugung lebe. Wenn ich Menschen auf Augenhöhe wertschätzend begegne, also für »okay« erachte, so wie mich selbst, kann ich ihnen mit einer respektvolleren Aufmerksamkeit entgegentreten, als wenn ich andere Menschen bewerte oder für ihr Handeln verurteile. Das öffnet mir in Verhandlungen mehr Raum für konstruktive Lösungsansätze.

Es ist natürlich auch möglich, eine mentale Grundeinstellung zu verankern und damit bewusst zu verstärken. Wenn du das ausprobieren möchtest, kannst du beispielsweise positive Einstellungen und Überzeugungen wie zuvor beschrieben mit bestimmten Berührungen oder Reizen wie einer Geste, einem Lied, einem Wort oder einem Symbol verknüpfen. Damit schaffst du eine neue Verbindung im Unterbewusstsein. Löst du den Reiz aus, hast du in Momenten von Herausforderung oder Selbstzweifel den direkten Zugriff. Das ist ein starkes Mittel, um Unsicherheiten in schwierigen Situationen in Zuversicht und Eigenwirksamkeit zu verwandeln.

4. Tipp: Bereite die Verhandlungsstruktur sorgfältig vor

Es ist sinnvoll, eine Verhandlungsstruktur zu haben und sie vorab inhaltlich genau zu definieren.

Eine solide Verhandlungsstruktur ist der Schlüssel zum Erfolg. Sie ist Leitfaden und Fundament für das gesamte Gespräch. Sei flexibel und passe sie bei Bedarf sofort an, wenn es für die Verhandlung sinnvoll erscheint. Diese Grundlage gibt dir in jedem Moment die klare Richtung vor, ermöglicht eine gezielte Steuerung des Gesprächs und hilft, den Überblick zu behalten. Damit lässt sich der Gesprächsverlauf aktiv lenken und kontrollieren. Wie bereitest du nun so eine Struktur vor?

Fasse zuerst die in der Vorbereitung erarbeiteten Ziele, Wünsche und Bedürfnisse aller Beteiligten, die Priorisierung der Themen, deine Fragen und Argumente in einer logischen Reihenfolge zusammen. Plane vorab die Zeit für jedes Thema. Am Ende des Gesprächs schließt du mit einer Zusammenfassung ab. Ob die Inhalte und allgemeinen Ziele vorab an alle Verhandlungsteilnehmenden per E-Mail kommuniziert werden, ist eine Ermessensfrage. Wenn du möchtest, dass sich alle vorbereiten, ist es sinnvoll. Wenn du bei einer brisanten Verhandlungssache jedoch einen überraschenden Trumpf in der Tasche haben möchtest, mache es nicht.

Die Struktur ist der Guide fürs Gespräch. Der rote Faden, der dich immer wieder auf Kurs bringt, wenn das Gespräch die Zielrichtung verliert oder Teilnehmende mit ihren Ausführungen abschweifen. Sie sorgt für Klarheit, Fokus und strukturierte Vorgehensweise. Eine klare Struktur schafft zudem

Vertrauen, Transparenz und erweckt den sehr professionellen Eindruck von Klarheit. Sie gibt auch die Möglichkeit, Teilnehmenden, die das Wort an sich ziehen und lange reden, ohne auf den Punkt zu kommen, elegant zu unterbrechen und zurückzuholen. Du kannst zum Beispiel höflich unterbrechen und sagen: »Es ist sehr spannend, was Sie erzählen. In Anbetracht der knappen Zeit schlage ich vor, zur Agenda zurückzukehren.« Mit einer vorab kommunizierten Struktur kannst du die Verhandlung straff führen und zum Ergebnis bringen, ohne Zeit oder Gesprächsführung zu verlieren.

Fachkompetenz – die Basis für gute Ergebnisse

Inhaltliche Punkte müssen mit dem nötigen Fachwissen vorgetragen werden. Wenn du selbst diese Fachkompetenz nicht hast, nutze die Vorbereitung, um dich schlau zu machen und dich vorab ins Thema einzuarbeiten. Sinnvoll ist auch, Experten und Expertinnen oder entsprechend informierte Personen aus der Kollegenschaft zur Verhandlung einzuladen und ihnen den fachlichen Part zu übertragen. Nichts ist peinlicher, als auf fachlich relevante Fragen keine qualitativen Antworten geben zu können.

Egal um welches Thema es in deiner Verhandlung geht, brauchst du Argumente, um deinen Standpunkt zu vertreten. Wenn du darüber vorher schon nachgedacht hast, bist du bestens präpariert und kannst sie souverän abrufen.

5. Tipp: Formuliere 3 sattelfeste Argumente

Ich empfehle, sich drei gute Argumente zurechtzulegen. Warum drei, könntest du fragen. Berechtigt. Wir können uns drei Sachen gut merken. Kennst du das, wenn du in ein Restaurant gehst, das keine Speisekarte hat? Der Kellner kommt und zählt auf, was er anzubieten hat. Drei Gerichte sind einfach zu merken, beim vierten setzt die Konzentration aus, die natürliche Merkfähigkeit lässt nach. Auf die Argumentation in Verhandlungen übertragen bedeutet das, drei starke Argumente zu haben, reicht in der Regel aus. Solltest du nur zwei haben, ist das auch in Ordnung. Es nützt dagegen nicht viel, wenn du dir zehn Argumente zurechtlegst und sie von einem Blatt oder vom Laptop ablesen musst. In der Argumentationsphase geht es darum, Sicherheit auszustrahlen und flexibel zu reagieren. Das schaffst du weniger, wenn du deine Argumente ablesen musst. Ablesen ist eher peinlich und strahlt Unsicherheit aus.

Drei starke Argumente reichen aus, um zu überzeugen. Formuliere sie präzise und strukturiert, basierend auf Fakten und logischen Schlussfolgerungen. Berücksichtige dabei deine eigenen Interessen und Ziele, aber behalte auch die der Beteiligten im Blick. Sachliche Argumente mit Überzeugungskraft stärken deine Position und ebnen den Weg zu erfolgreichen Lösungen, die beide Parteien akzeptieren können. Wichtig ist, dass du jedes deiner Argumente sinnvoll begründen kannst.

Kannst du deine Argumente in unterschiedlicher Wortwahl formulieren und mehrfach wiederholen?

Was ist, wenn dir die Argumente ausgehen? Glaube mir, du brauchst nicht mehr. Wiederhole sie immer wieder, aber in neuer Wortwahl. Das gibt ihnen eine höhere Bedeutung und dein Gegenüber prägt sie sich besser ein. Wenn du sie gut vorbereitest und für dich auch schriftlich fixiert hast, sind dir sicher auch mögliche Einwände eingefallen. Untersuchungen haben nachgewiesen, dass du sie bis zu 80 % sofort parat hast, wenn du dich aktiv auf die möglichen Einwände vorbereitest. Das gibt dir Gesprächssicherheit und der Improvisationsbedarf nimmt ab.

Überprüfe, ob deine Argumente die Sicht des Kunden auch berücksichtigen.

Wenn du deine Argumente erarbeitest, denke bitte aus der Sicht deines Gesprächspartners.

Wie denkt sie oder er? Hier ist ein Beispiel. Wenn jemand sagt: »Dieses Messer schneidet gut«, ist es ein gutes Argument eines Messerherstellers, aber kein überzeugendes Argument für einen Koch. Der braucht Argumente, die den Nutzen für ihn und seine Arbeit widerspiegeln. Das könnte sein: »Damit arbeitest du effektiver«, oder: »Mit diesem Messer ist dein geschnittenes Gemüse viel feiner und sieht schöner aus.«

Jedes Argument sollte grundsätzlich einen Nutzen aus Sicht des Gegenübers hervorheben. Es ist nicht schwierig, drei solche Argumente zu finden, wenn du den fachlichen Hintergrund kennst und das Thema aus Sicht des Gesprächspartners oder Kunden betrachtest. Egal, um welches Thema es sich handelt, wenn du starke Argumente formulieren willst, helfen dir Fragen wie diese:

- Was ist der Nutzen für mein Gegenüber?
- Was will es erreichen?
- Was will ich erreichen?

- Was braucht die andere Verhandlungspartei, um überzeugt zu sein?
- Wie kann ich meine Argumente formulieren, dass sie auf offene Ohren stoßen?

Denke immer daran: Der Köder muss dem Fisch schmecken, nicht dem Angler.

Fazit: Hier gilt es, aus der Sichtweise des Gegenübers zu denken, nicht aus deiner.

Du kannst Argumente aus unterschiedlichen Bereichen formulieren. Fachlich. Emotional. Soziale Auswirkungen.

Es kommt immer auf die Verhandlung und deren Ziele an. Ein Argument kann für deine Verhandlungsteilnehmenden zum Beispiel eine gute Zusammenarbeit mit dir sein. Das ist sozial, nicht fachlich, dem Unternehmen aber vielleicht sehr wichtig. Wenn du dir vorher überlegst und begründen kannst, warum die Zusammenarbeit mit dir perfekt ist, hast du ein starkes Argument in der Tasche.

Begeisterte Referenzen sind überzeugende Argumente. Wir leben in einer Zeit, wo Produkte immer vergleichbarer werden. Da ist die positive Erfahrung eines Käufers oder eines begeisterten Anwenders echt Gold wert. Manchmal braucht es auch keine Produktargumente, sondern Werbeaussagen, Firmenargumente oder Fakten zu den Bedingungen rund ums Produkt. Auch Erweiterungen oder zusätzliche Serviceleistungen können kraftvolle Argumente für dein Gegenüber sein.

Es steht zu jedem Thema eine breite Palette von Möglichkeiten zur Verfügung. Um das gut vorzubereiten, sammle Stichworte, bedenke alle Standpunkte und Blickwinkel. Danach mache Ordnung und gruppiere dieses Brainstorming, bis sich daraus drei starke Argumente herauskristallisieren. Welche könnten das zum Beispiel bei Preisverhandlungen für eine Wohnung, ein Auto oder eine andere größere Anschaffung sein?

Sonderfall Preisverhandlung: Da sich Verhandlungen, bei denen du einen Preis drücken möchtest, oft besonders knifflig gestalten, möchte ich der Findung der Argumente für so eine Situation ein paar Worte extra widmen. Am besten recherchierst du Markt, Umfeld und Nutzen des Verkäufers und beziehst alles in die Argumentation mit ein.
Stell dir vor, du bist in der Position, dass du diesen, in deinen Augen zu hohen Preis nicht zahlen willst. Einen Preis kannst du dann gut verhandeln, wenn du in der Lage bist, andere, für den Verkäufer und sein Umfeld wertvolle Argumente ins Spiel zu bringen. Nehmen wir an, es geht um den Kauf einer attraktiven Wohnung. Die möchtest du haben, jedoch nicht zu dem genannten Preis. Den möchtest du nach unten drücken.

Vielleicht musst du dich zusätzlich gegen etliche Mitbewerber durchsetzen. Um deine Argumentation zu finden, recherchierst du im Vorfeld Markt, Umfeld, Nachbarschaft, andere Eigentümer, andere Mieter. Versuche, so viele Informationen wie möglich herauszufinden. Dann schaust du, aus welchen Informationen sich schlagkräftige Argumente ableiten lassen. »Ich habe mich mit der Nachbarschaft unterhalten. Hier wohnen viele kleine Kinder. Eine Familie wie wir wär sehr geeignet, denn wir könnten in der Gemeinschaft der Nachbarschaft einen wertvollen Beitrag leisten.« Mit so einem Argument kannst du überzeugen, denn eine friedvolle Hausgemeinschaft ist jedem Vermieter wichtig. Deine Argumente sollten also direkt mit der Wohnsituation und dem Umfeld zu tun haben. Versetze dich in den Verkäufer und die Menschen, die dort leben, und überlege, was für sie wichtig ist. Denke mit ihrem Kopf. Versetz dich in ihre Situation.

Die drei Argumente sollten ihren Nutzen treffen, brauchen also nicht zwingend sachlich zu sein.

Denke daran: Menschen kaufen keine Produkte, sondern sie kaufen Emotionen.

Es lohnt sich also, vorab Zeit in deine Argumente zu stecken, um dein Gegenüber zu überzeugen.

Vorab-Organisation – Rahmenbedingungen optimieren

Eine gut vororganisierte Verhandlung ist die Basis für konstruktive Gespräche. Jeder weiß, worum es geht und was zu tun ist. Die klare Struktur schafft eine effektive Kommunikationsebene und legt den Grundstein für produktive Zusammenarbeit. Ist die Agenda durchdacht, kannst du alle Themen auf den Punkt und nach Wichtigkeit priorisiert ansprechen und vermeidest, dass etwas Wesentliches vergessen wird. Es spart Zeit, fördert Effizienz und schafft ein Gefühl von Vertrauen und Professionalität. Damit maximierst du die Chance auf positive Ergebnisse und schaffst selbst bei spannungsgeladenen Verhandlungsthemen eine Atmosphäre der konstruktiven, sachlichen Diskussion.

Die erste organisatorische Handlung ist, eine aussagekräftige Einladung an alle relevanten Teilnehmenden rauszuschicken. Das kann per E-Mail oder per Post geschehen. In dieser Einladung hinterlegst du die schon erwähnte Struktur, nennst ein gemeinsames Ziel, steckst einen Zeitrahmen. Wenn du Fragen hast, die besprochen werden sollten, ist es sinnvoll, sie schon zu nennen. In meinen Augen ist eine Einladung das Medium, mit dem sich die Teilnehmenden sinnvoll vorbereiten können.

Zur Organisation gehört auch, einen passenden Raum und das Material, das gebraucht wird, bereitzustellen. Natürlich gehört die Technik dazu, damit Informationen in Bilder und Ton umgesetzt werden können. Auch eine Kamera für mögliche Videokonferenzen. Wird eine PowerPoint-Präsentation gezeigt? Braucht es eine Broschüre, eine Referenzliste (eine Auflistung von durchgeführten Projekten), einen Film? Hast du ein Whiteboard, frische Stifte, Flipchart-Papier? Sinnvoll ist auch, allen gut sichtbar den Zugang für WLAN zur Verfügung zu stellen, ohne dass die Teilnehmenden danach fragen müssen. Wenn mehrere Personen erwartet werden, ist es ein Akt der Wertschätzung, Namensschilder beim Ankommen auszugeben oder eine Sitzordnung zu machen. Wenn du die Sitzplätze als Organisator vorab festlegst, kannst du die Teilnehmenden strategisch platzieren. Denn wo du und wo andere sitzen, kann den Ablauf und das Ergebnis beeinflussen.

Du solltest strategisch immer den günstigsten Platz einnehmen.

Es macht einen Unterschied, ob du mit dem Rücken zur Türe sitzt oder mit Blick auf die Eingangstür, von wo aus du den Überblick hast. Eine Verhandlung mit dem Rücken zur Tür zu führen, ist ungünstig. Wähle eine Position, die dich stärkt. Mit dem Überblick in alle Richtungen des Raumes strahlst du ein Signal von Stärke, Selbstbewusstsein, aber auch leichte Dominanz aus. Wenn du die Räumlichkeiten noch nicht kennst, empfehle ich, dass du früher da bist als die anderen. Das mache ich seit Jahren: Früh da zu sein, hat den Vorteil, dass du dich auch mit der Technik vertraut machen und, wenn du selbst etwas präsentierst, deinen Laptop schon anschließen und testen kannst. Sei 20 oder 30 Minuten früher da, dann laufen diese Vorbereitungen auch in fremden Räumen völlig stressfrei ab.

6. Tipp: Nutze den Zeitpunkt der Einladung weise

Gibt es eine Empfehlung für den zeitlichen Vorlauf einer Einladung? Ja und nein. Wann macht es Sinn, eine Einladung kurzfristig zu verschicken? Wann sollte sie viel Vorlauf haben? Spät schickst du sie, wenn du einen Überraschungseffekt hervorrufen oder selbst einen strategischen Informationsvorteil haben willst. Dann ist es sinnvoll, dass die Gesprächspartner Struktur und Inhalt kurzfristig erfahren. Das ist allerdings manchmal eine Art von Machtspielchen, mit dem der Einladende signalisiert: »Hey, ich bin perfekter vorbereitet als du.« Ob das moralisch zu empfehlen ist, steht außen vor, aber du kannst damit etwas Druck aufbauen und so deinen Verhandlungspartner in eine schwächere Position drängen. Es kommt immer auf die Art der Verhandlung, die Brisanz des Themas und deines angestrebten Ziels an. Wenn alle anderen Teilnehmenden die Struktur und Punkte spät bekommen, um ihre Argumente vorzubereiten, verschafft dir dies einen klaren Vorteil. Wichtig ist in diesem Fall allerdings, dass der Termin- und Zeitrahmen rechtzeitig im Vorfeld klar kommuniziert werden, die Struktur und die Inhalte können dann kurzfristig übermittelt werden. Die Termin- und inhaltliche Planung werden bewusst separiert, damit haben wir mehr Zeit zum Vorbereiten als die Gegenseite.

Wenn du möchtest, dass Teilnehmende sich vorbereiten, schickst du die Einladung mit ausreichend Vorlauf. Dann können sie sich auf ein Thema einstellen, ihre Argumente formulieren, ihre Präsentationen vorbereiten. Es kommt allerdings recht häufig vor, dass sich Teilnehmende selbst bei rechtzeitig verschickten Einladungen schlecht oder gar nicht vorbereiten. Ob aus Zeitnot oder Unwissenheit: Menschen, die unvorbereitet ins Meeting gehen, verschwenden wertvolle Zeit, denn es braucht eine Weile, um alle auf den gleichen Informationsstand zu bringen. Manchmal sind sie dann nur mit halber Aufmerksamkeit da, ein Teil ist am Computer oder Handy, der andere ist bei dir und dem gesprochenen Wort. Das versetzt dich auf der einen Seite in eine stärkere Position, andererseits kann es gute Entscheidungen blockieren oder verhindern.

Die Begrüßung – Peinlichkeiten ausschließen

Logischerweise beginnt jede Verhandlung mit einer Begrüßung. Die Begrüßung der Teilnehmenden setzt klare Zeichen: Ist die Begrüßung herzlich und respektvoll, schafft das eine positive Atmosphäre und zeigt den Anwesenden, dass sie wertgeschätzt werden. Eine gute Begrüßung stärkt das Vertrauen zwischen den Parteien und ermöglicht es, sich willkommen zu fühlen, was natürlich die gesamte Kommunikation und Zusammenarbeit erleichtert. Sie signalisiert auch, dass alle ein gemeinsames Ziel haben und jeder fair und respektvoll behandelt wird.

Ist die Begrüßung ansprechend und durchdacht, kann man schon früh einen ersten Eindruck von den Verhandlungsteilnehmenden gewinnen und Informationen über ihre Einstellung, ihr Verhalten und die Haltung bekommen. Nicht das Ausgesprochene, sondern die nonverbalen Zeichen, die Atmosphäre und Herzlichkeit sind es, die helfen, sich besser auf das bevorstehende Gespräch einzustellen. Nicht zuletzt ist die Begrüßung ein Akt der Höflichkeit und des Anstands. Bist du der Begrüßende, kannst du damit zeigen, wie professionell du bist. In meinen Augen wird in diesen ersten Momenten der Grundstein für einen erfolgreichen Verhandlungsverlauf gelegt, denn du kannst eine positive und produktive Verhandlungsatmosphäre schaffen und die Teilnehmenden »an Bord« nehmen.

Wie sieht eine gute Begrüßung aus? Sie besteht aus einer kurzen Einleitung, in der alle willkommen geheißen werden. Dann wird das Thema kurz dargelegt. Ist dieser Verhandlung schon eine andere vorausgegangen, ist es sinnvoll, das letzte Verhandlungsergebnis und damit den Stand der Dinge kurz zu umreißen. Dann kommen die gemeinsamen Ziele der Verhandlung zur Sprache. Welche Ziele wollen wir zusammen erreichen? Dabei handelt es sich nicht um deine persönlichen, sondern die inhaltlichen Ziele. Allerdings aus deiner Sicht formuliert, und das lässt eine weitere Steuerung zu, wenn du Einladender bist. Du umreißt in der Begrüßung kurz die Eckdaten und einzelne Punkte, um die es geht.

7. Tipp: Übernimm die Gesprächsführung

In jeder Kommunikationssituation gibt es einen unsichtbaren Hebel, der den Verlauf und die Ergebnisse entscheidend beeinflusst. Dieser Hebel wird von der Person kontrolliert, welche die Gesprächsführung übernimmt. Bist du in dieser Rolle, kannst du Einfluss auf den Gesprächsverlauf nehmen. Durch aktives Zuhören, klare Kommunikation und das Stellen der richtigen Fragen lenkst du die Richtung und hältst in jedem Moment den Zielkurs. Indem du die Verantwortung für das Gespräch übernimmst, gestaltest du die Verhandlung in einer aktiven Rolle. Du gibst die Regeln vor und verschaffst dir Aufmerksamkeit.

Da stellt sich automatisch die Frage: Wer übernimmt üblicherweise die Gesprächsführung? Gibt es klare Regeln? Ist die Gesprächsführung Vorrecht des Einladenden? Übernimmst du sie als Gastgeber oder bekommt die eingeladene Partei den Vortritt?

Die Antwort ist einfach: Vorrecht hat der Einladende. Anders ist es, wenn du von einem Unternehmen eingeladen bist. Nehmen wir an, es geht um einen attraktiven Auftrag mit beträchtlichem Volumen. Den möchtest du unbedingt haben, denn du arbeitest schon eine Weile daran. In diesem Gespräch ist geplant, alle offenen Fragen und Eckdaten zu klären und eine Entscheidung zu treffen. Sollte nun der Gastgeber die Verhandlung führen oder darfst du die Führung an dich nehmen? Was entspricht den Regeln der Höflichkeit und des Respekts dem Einladenden gegenüber? Mit Sicherheit wird der Gastgeber sein Recht nutzen wollen, das Gespräch, beginnend mit der Begrüßung, zu führen. Doch das bedeutet nicht, dass du in einer reagierenden, defensiven Rolle sein musst.

Du kannst beispielsweise die inhaltliche Führung übernehmen, indem du vorwiegend sprichst. Führen geht auch aus der zweiten Reihe, als eingeladener Gast. Nehmen wir an, du möchtest den Auftrag. Du bist exzellent vorbereitet. Du hast starke Argumente und starke Fragen in der Tasche. Gezielt eingesetzt, kannst du damit das Gespräch immer wieder in die für dich nutzvolle Richtung lenken. Mit jeder Frage strebst du gezielt den nächsten für dich wichtigen Punkt an. Damit wirst du zu einem aktiven Teil der Verhandlung und übernimmst eine leise, indirekte Führung, ohne den Gastgeber vor den Kopf zu stoßen. Um das zu tun, braucht es einerseits eine perfekte Vorbereitung, andererseits ist ein hohes Maß an Intuition und Empathie gefragt.

Du sorgst mit deinen Fragen dafür, dass sich die Verhandlung in Richtung deiner Ziele bewegt.

Wenn jemand dich zu einer Verhandlung einlädt, hat der andere die Struktur gemacht, innerhalb derer du dich bewegen wirst. Das macht nichts, denn mit deinen Argumenten kannst du in jeder Struktur dein Ziel ansteuern und dich nicht aus der Bahn werfen lassen. Sorge nur dafür, dass du die Struktur rechtzeitig bekommst, sodass du dich gedanklich vorbereiten kannst. Überlege dir, wie und wann du deine Argumente an- und auch durchbringen kannst.

Fragen – ein mächtiges Werkzeug vorbereiten

Die einfachste Art, Informationen zu bekommen und Einfluss zu nehmen, ist Fragen zu stellen. Sie öffnen Türen zu neuen Erkenntnissen und regen alle Teilnehmenden zum konstruktiven, manchmal auch kreativen Denken an. Stell dir vor, wie du mit gezielten Fragen die wahren Interessen der anderen Partei aufdeckst und so ihre Motivation besser verstehst. Durch kluge Fragen lenkst du den Fokus auf dir wichtige Aspekte und bestimmst damit bewusst den Verlauf des Gesprächs. Du erschaffst eine Atmosphäre des Dialogs und förderst eine kooperative Zusammenarbeit. Verwende offene Fragen, um einen ebenso offenen Dialog zu führen, der alle Perspektiven einbezieht. Stelle deine Fragen präzise. Sei empathisch und zeige echtes Interesse an den Antworten, um eine Verbindung zum Gegenüber aufzubauen und Vertrauen zu gewinnen.

Was sind gute, was weniger zielführende Fragen? Fallen uns in jedem Moment immer die richtigen spontan ein? Es ist sinnvoll, sich vorzubereiten. Die Sicherheit, einige gute Fragen im Gepäck zu haben, ist unbezahlbar. Nehmen wir als Beispiel eine Lohnsituation oder die Preisverhandlung beim Wohnungskauf. Solange du dir darüber klar bist, welches dein Verhandlungsspielraum ist, kannst du mit deinen Fragen klären, wo genau dein Gegenüber steht und was sie oder er sich vorstellt. Es ist gut, wenn du das durch ein paar gezielte Fragen herausfindest. Mit Fragen bringst du auch Licht in Unklarheiten, die während der Verhandlung auftauchen und dir Möglichkeiten für Argumente geben.

8. Tipp: Verfasse vorab starke Fragen

Mithilfe der Fragen, der Verhandlungsstruktur und der Idee, was wohl dein Gegenüber erreichen möchte, kannst du die Verhandlung inhaltlich steuern. Du erkennst, mit welchen Fragen du sie wieder auf Kurs bringst, in Richtung deines Zieles. Sich vorher Fragen zu überlegen, bedeutet nicht, dass du dir im Gespräch nicht auch spontan etwas einfallen lassen darfst. Im Gegenteil. Hast du gute Fragen im Gepäck, öffnest du deiner Intuition den Raum und es werden dir mit Leichtigkeit spontan jede Menge andere einfallen, wenn du sie brauchst.

Achte auf Äußerungen im Vorfeld. Daraus lassen sich gute Fragen ableiten. Zum Beispiel: »Wie meinten Sie dies … oder das … genau?« Das ist eine vertiefende Fragestellung. Oder: »Mal angenommen, wir haben die Internetrecherche über XY genau gemacht, was wäre noch relevant für uns zu wissen? Oder anders gesagt: Uns interessieren Informationen, die nicht im Netz sind.« Hier ist es wichtig, dass du die Aussage »Uns interessieren Informationen, die nicht im Netz sind« mit einer hypothetischen Frage einleitest, denn damit sagen wir dem Gegenüber indirekt, dass wir gut vorbereitet sind und wir nicht nur an der Oberfläche verhandeln wollen. Eine andere vorbereitete Frage könnte sein: »Wie ist die allgemeine Stimmung im Projekt XY auf einer Skala von 1–4?« Das ist eine Skalierungsfrage.

Diese Fragestellungen haben eine kraftvolle Wirkung und wir erhalten nachweislich genauere Informationen und konkretere Resultate.

Eine Verhandlung, in der keine Fragen fallen, ist keine gute Verhandlung.

In einem späteren Kapitel gehe ich explizit auf verschiedene Fragetechniken und Fragearten ein. Sie zu kennen, sich damit gezielt vorzubereiten und sie im richtigen Moment zu stellen, ist in jeder Verhandlung eine unschlagbare Waffe.

Dresscode – Vorhang auf für deinen Auftritt

In einer Business-Verhandlung spielt der Dresscode eine wichtige Rolle, will man einen professionellen und seriösen Eindruck hinterlassen. Sowohl für Männer als auch für Frauen. Angemessen gekleidet zu sein und damit Respekt und

Wertschätzung gegenüber den Verhandlungsteilnehmenden zu zeigen, ist ein Zeichen von Professionalität. Für Männer sieht der Dresscode je nach Ebene der Verhandlungsparteien und Branche einen gutsitzenden Anzug vor. Dazu passend ein Hemd, gerne auch eine dezente Krawatte oder ein feiner Rollkragenpullover. Die Schuhe sollten sauber und gepflegt sein, auf auffällige Accessoires sollte der Mann verzichten, weil diese ablenken könnten.

Für Frauen bieten sich unterschiedliche Möglichkeiten an, je nach persönlichem Stil und Vorlieben: Hosenanzug, Kleid, Kostüm. Egal, was du wählst, es muss einen professionellen Eindruck vermitteln. Bei der Wahl der Kleidung gilt es, Dresscode der Branche und des Unternehmens zu beachten. In manchen Branchen und Unternehmen ist ein legererer Dresscode akzeptiert, bei anderen wird formelle Kleidung erwartet. Letztendlich geht es darum, Seriosität, Professionalität und Respekt zu vermitteln. Ein gepflegtes Äußeres zeigt, dass du die Verhandlung ernst nimmst und dich auf eine professionelle Ebene begibst.

Ich persönlich plane meine Kleidung genau und folge dabei einer Regel: »Sei mindestens so gut angezogen wie alle anderen Verhandlungsteilnehmenden oder sogar einen Touch besser.« Ich mache mir schon am Abend vorher Gedanken darüber, was ich anziehen werde. Das kann ich nur empfehlen. Wenn du mit deinem Kunden einen Termin auf einer Baustelle hast, gehst du natürlich nicht im Anzug oder Kleid, sondern angemessen gekleidet hin. Doch nimm nicht deine ältesten Sachen, sondern beweise mit legerer Kleidung Stil. Stil überzeugt immer.

Es gibt ein paar Regeln zum Dresscode für eine Präsentation auf der Bühne oder vor großem Publikum. Die wichtigste lautet: oben hell, unten dunkel. Das klingt zunächst unverständlich, doch wenn du weißt, dass weiße oder beige Hosen zu dunklen Oberteilen den Blick automatisch nach unten ziehen, macht es Sinn. Helligkeit zieht die Augen an.

Auch wenn du weiße oder auffallend helle oder gar bunte Schuhe trägst, geht der Blick der Menschen – zack – runter zu den Schuhen. Willst du das oder soll dir das Publikum ins Gesicht schauen und aufmerksam zuhören, wenn du redest? Das gilt für stehende Präsentationen. Denn beim Sitzen spielt das nur eine untergeordnete Rolle. Auch zu den Farben gibt es eine Regel: Unifarbene Kleidung ist im Business grundsätzlich besser als Kleidung mit großen Mustern. Sie lenkt weniger ab. Online wie offline.

Wenn du ein kleiner Mensch bist: Einfarbige Kleidung streckt den Körper und lässt dich größer erscheinen.

Achte darauf, dass es keine Teilung in der Körpermitte gibt, wie es beispielsweise bei schwarzer Hose und weißer Bluse der Fall ist. Schwarz/Weiß sieht im Business zwar immer gut aus, aber eher für große Leute. Die gleiche Farbe von oben bis unten streckt den Körper kleinerer Menschen. Wenn du größer wirkst, kommst du überzeugender rüber. Das spielt vor allem dann eine Rolle, wenn du in der Verhandlung eine Präsentation zu zweit mit einem anderen Menschen machst, der deutlich größer ist als du.

Bei Online-Verhandlungen ist der angemessene Dresscode das erste Kriterium, nach dem du wahrgenommen wirst. Zeige dich in professioneller Kleidung, die dem gewohnten Business-Stil entspricht, auch wenn nur die obere Körperhälfte zu sehen ist. Vermeide ein zu legeres Outfit und nimm stattdessen Oberteile wie Hemden, Blusen oder gepflegte Shirts. Du kannst mit deiner Kleidung einen angenehmen Kontrast zum Hintergrund bilden, denn damit kommst du automatisch präsenter rüber. Der Hintergrund sollte aufgeräumt und kein Sammelsurium an Büchern, Akten oder sonstigen unordentlichen Gegenständen sein. Sorge für gute Beleuchtung, damit du klar und deutlich wahrgenommen wirst. Dezente Schmuckstücke und Accessoires können den Outfits von Frauen einen Hauch von Eleganz verleihen.

DEINE CHECKLISTE

- ✓ Hast du deinen Anker gesetzt, mit dem du jederzeit die gewünschte Wirkung abrufen kannst?
- ✓ Stimmen Mindset und Grundeinstellung?
- ✓ Ist dir dein persönliches und inhaltliches Ziel klar?
- ✓ Hast du drei starke, überzeugende Argumente, die auch die Sichtweise des Kunden berücksichtigen?
- ✓ Kennst du die Struktur, alle Punkte der Verhandlung und bist entsprechend vorbereitet?
- ✓ Kannst du gute Fragen stellen, weil du ein paar vorbereitet hast?
- ✓ Bist du entspannt, souverän und in deiner Mitte, sodass Empathie und Intuition Raum bekommen?
- ✓ Hast du das Outfit für deinen Auftritt geplant?

KAPITEL 2

DAS DU – DIE PERSPEKTIVE WECHSELN

Du bist perfekt vorbereitet, hast alles, was du brauchst, um gut zu verhandeln, gedanklich erarbeitet. Nun schalte dein Denken um und versuche in den Kopf der anderen Verhandlungspartei zu schlüpfen. Zu denken wie sie oder er. Zu fühlen wie dein Gegenüber. Weißt du oder kannst erahnen, was es erreichen möchte und was du bereit bist, zuzugestehen? Ausschließlich egoistisch und nur mit den eigenen Wünschen im Fokus in ein Gespräch zu gehen, ist unprofessionell. Die andere Seite geht mit ebenso starken Zielen, Argumenten und Fragen ins Meeting. Wo könntet ihr euch treffen? Wie könnte ein Ergebnis aussehen, mit dem ihr beide zufrieden seid?

Wie bereits zu Beginn erwähnt, muss das Ziel jeder Verhandlung sein, dass beide Seiten hinterher mehr haben als zuvor und sich beide wertschätzend in die Augen schauen können, auch wenn es ein kritisches Gespräch gewesen ist.

9. Tipp: Versetze dich in dein Gegenüber

In diesem zweiten Schritt gehst du intensiv auf die Vorbereitung der gegenüberliegenden Partei ein. Wer ist dein Gegenüber? Damit du dich gedanklich einstellen kannst, sorge dafür, dass deine Empathie auf hohem Niveau ist. Deine persönlichen Ziele sind klar, doch was möchte der andere erreichen? Warum macht es für dich Sinn, sie oder ihn in deine Vorbereitungen einzubeziehen? Aus Erfahrung weiß ich, je mehr ich mich vorab mit der anderen Verhandlungspartei beschäftige, desto weniger bin ich im Gespräch über Forderungen überrascht und kann flexibler und gezielter reagieren. Du könntest jetzt sagen: Ich weiß ja gar nicht, was der andere will. Stimmt das wirklich?

Gespür – Ziele des Gegenübers ermitteln

In welche Richtung geht sein Ziel? Ihr seid euch sicherlich schon vorher begegnet oder habt miteinander gesprochen. Vielleicht kannst du es nicht zu 100 % sagen, aber vielleicht zu 80 % intuitiv erahnen? Wenn du dir diese Gedanken im Vorfeld machst, kannst du später besser verhandeln. Dann öffnet sich im Gespräch ein unsichtbarer Raum, der geprägt ist von ehrlichem Interesse und dem Wunsch, den anderen zu verstehen, um eine für beide befriedigende Lösung zu finden. Dann bist du in der Lage, deine Argumente oder Fragen, die du schon überlegt hast, im richtigen Moment anzubringen. Kraftvoller vorzutragen. Intuitiver zu reagieren. Egal, was kommt. Wenn du dir vorab überlegst, was der andere erreichen will, begegnest du dem Gegenüber respektvoll auf Augenhöhe. Das strahlst du spürbar aus. Wie oft überlegen sich Menschen vor einer Verhandlung nur das, was sie selbst erreichen wollen, und machen sich nicht einen einzigen Gedanken darüber, welche Ziele der andere wohl hat? Auf so einer einseitigen Basis kann ein Gespräch schnell zu einem zerrenden Kampf zweier Egos werden.

Doch bedenkst du im Vorfeld schon, was du bereit bist, dem anderen zuzugestehen, wird das Gespräch einfacher und deine eigene Ungewissheit nimmt ab. Das Festlegen deines Minimal- und Maximalziels ist ein wichtiger Teil davon.

Versetze dich in dein Gegenüber, um zu erahnen, was seine Ziele und Argumente sein könnten.

Sich abseits der eigenen Wünsche intensiv mit der anderen Verhandlungspartei zu befassen und sie auf Augenhöhe zu betrachten, lässt dich in Bezug auf deine Ziele realistisch bleiben. Das wird dich in der Verhandlung vor unangenehmen Momenten bewahren. Manchmal ist das, was der andere möchte, ganz banal. Manchmal aber auch nicht. Du kannst das aus einer respektvollen inneren Haltung heraus.

Warum investiert dein Gegenüber die Zeit, deiner Einladung zu folgen, oder hat dich eingeladen? Was will das Gegenüber genau von oder zusammen mit dir erreichen? Möchte das Gegenüber einen persönlichen Eindruck von dir bekommen, bevor dir ein Auftrag zugesprochen wird? Will das Gegenüber wissen, wer der Mensch hinter der Fachkompetenz ist, mit dem das Gegenüber möglicherweise langfristig eine enge Zusammenarbeit aufbaut? Was interessiert das Gegenüber an dir? Oder braucht das Gegenüber einfach nur mehr Informationen?

10. Tipp: Räume Zugeständnisse ein

Was bist du bereit, deinem Gegenüber zu geben?

Der nächste Gedankenschritt ist, in respektvoller Haltung diese Frage zu beantworten. Zur Verdeutlichung ein Beispiel einer Preisverhandlung: Du wirfst die Zahl 100 ins Spiel, dein Gegenüber sagt 50. Die Mitte, um sich zu treffen, wäre 75. Wenn du vorab überlegt hast – immer auf den Verhandlungsgegenstand bezogen –: »Was kann ich sonst noch anbieten?«, könntest du versuchen, ihn auf 85 zu bringen und ihm dafür etwas anderes, für ihn Wertvolles anzubieten.

Der einfachste Weg, etwas Attraktives als Alternative zum Preisrabatt zu finden, ist, außerhalb der Box zu denken.

Was gibt es Reizvolles an diesem Thema, das den anderen interessieren könnte? Was wäre wertvoll? Was könnte er im Zusammenhang mit dem Verhandlungsgegenstand noch gebrauchen? Was würde ihm besonderen Nutzen geben? Was täte ihm gut? Das überlegst du alles schon im Vorfeld. Mit attraktiven, ehrlichen Angeboten kannst du die Preisdiskussion entschärfen.

Es gilt, sich in den anderen hineinzuversetzen und attraktive Anreize zu finden. Das kann ein Produkt sein, eine Service-Dienstleistung, eine Erstberatung. Werte, die du im richtigen Augenblick ins Spiel wirfst. Denn natürlich hat dein Gegenüber auch ein Ziel, Argumente, Fragen. Natürlich will er seinen Willen durchsetzen. Das gilt es smart, mit Attraktivität und – vielleicht einem Überraschungseffekt zu durchbrechen. Wenn du gedanklich da hineingehst, fallen dir sicher überzeugende Argumente und Angebote ein. In der Waagschale liegt auch: Wie soll die Beziehung zwischen dir und dem anderen in Zukunft aussehen? Es ist ein gravierender Unterschied, ob du diesem Menschen nur einmal begegnest und etwas verkaufen willst oder ob du vorhast, eine Langfristigkeit aufzubauen. Auch das beziehst du in die Verhandlung ein.

Objektivität – Sachebene und menschliche Ebene trennen

Sachebene und menschliche Ebene in einer Verhandlung zu trennen bedeutet, dass man Diskussion und Entscheidungsfindung sachlich betrachtet, ohne persönliche Emotionen in den Vordergrund zu stellen. Es geht darum, sich auf konkrete Fakten, Argumente und Interessen zu konzentrieren, anstatt sich von persönlichen Meinungsverschiedenheiten oder zwischenmenschlichen Konflikten ablenken zu lassen. Es geht auch darum, unterschiedliche Standpunkte und Interessen zu verstehen und gemeinsame Ziele zu erreichen, ohne den Respekt und die Wertschätzung für die beteiligten Personen aus den Augen zu verlieren. Indem man die Sachebene betont, schafft man eine produktive und respektvolle Verhandlungsatmosphäre, in der es einfacher ist, konstruktive Lösungen zu finden, ohne dass die Beziehung zum Gegenüber belastet wird.

Wenn du mit der anderen Verhandlungspartei im Konflikt stehst, sie oder ihn nicht magst, ist es umso wichtiger, beide Ebenen zu trennen. Es ist notwendig, sein Mindset darauf einzustimmen, denn zu starke Gefühle machen die Zielerreichung schwierig. Folgendes könntest du in dieser Situation denken: »Okay, dieser Mensch ist mir nicht sympathisch, doch der Inhalt, das Thema und vor allem das gemeinsame Ergebnis sind wichtig. Wir wollen zu einer Lösung kommen.« Folgendes kannst du an dieser Stelle tun: Du suchst etwas Positives an diesem Menschen, du findest etwas, und wenn es »nur« die Schuhbänder sind. Eine weitere Möglichkeit ist, jemand anderen mitzunehmen, weitere Dialogpartner verändern die Sympathielage.

Konzentrierst du dich zu sehr auf die Sachebene, fehlt die Empathie in der Verhandlung. Das zu schaffen, ist eine Kunst. Wenn du unsicher bist, setze dir einen Anker, mit dem du dich aus überschäumend aufwallenden negativen Gefühlen schnell wieder in einen souverän-relaxten Zustand zurückversetzen kannst. Wenn du weißt, dass dir ein solches Gespräch bevorsteht, arbeite vorab mental daran, beides zu trennen. Du willst den Auftrag? Was sind die Fakten? Wie kommst du ans Ziel? Blende alles andere aus. Mache dir die Fakten immer und immer wieder bewusst, damit du auf deiner Linie bleibst. Ansonsten wird es anstrengend, die Verhandlung durchzustehen. Überlegenswert ist auch dieser Aspekt: Was ist an diesem Thema veränderbar und was ist es nicht? Aus deiner Sicht? Aus der Sicht des anderen oder der anderen? Wenn etwas nicht veränderbar ist, braucht darüber nicht verhandelt zu werden.

Auch in Sachen Organisation ist Empathie gefragt. Im ersten Teil hast du überlegt, was du inhaltlich erreichen und was du organisatorisch beachten möchtest. Gibt es darüber hinaus aus der Sicht deines Gegenübers etwas zu beachten? Gehe alle äußeren und inhaltlichen Punkte aus der Perspektive deines Gegenübers durch. Aktiviere bei dir bewusst die Empathie für den anderen. An welchem Platz soll sie oder er sitzen? Welcher Teil der Präsentation wird übernommen? Welche Fragen könnten gestellt werden? Welche Argumente und Einwände werden eingebracht werden? Was braucht dein Gegenüber an Arbeits- oder Informationsmaterial, das du bereitstellen kannst? Welchen zeitlichen Spielraum gibst du der anderen Partei für ihre Ausführungen?

In früheren Verkaufsgesprächen habe ich erkannt, dass es arrogant ist, wenn ich zu wissen glaube, was mein Gegenüber will, ohne mich schon vorher gedanklich mit ihm zu befassen. Über ihn nachzudenken. Fragen zu stellen, wo er steht und was er will. Alles nur meine Vorannahmen. Doch durch Empathie, Hinhören, Hindenken, auch Auswerten von früheren Gesprächen kann ich mich recht gut in den anderen hineinfühlen. Ob das dann tatsächlich auch so ist, bleibt Hypothese. Doch aus Erfahrung weiß ich, dass diese Hypothesen zu einem großen Teil eintreffen.

DEINE CHECKLISTE

- ✓ Wer ist dein Gegenüber in der Verhandlung und wie kannst du herausfinden, was ihn oder sie antreibt?
- ✓ Mit welcher Grundeinstellung und welchem Mindset kommt die andere Partei in die Sitzung? Was will sie erreichen?
- ✓ Was ist ihr Verhandlungsziel und wie viel wird sie dir zugestehen?
- ✓ Welche starken, überzeugenden Argumente hat sie in der Tasche?
- ✓ Ist dein Gegenüber gut vorbereitet, auch auf die Struktur?
- ✓ Welche Fragen werden gestellt werden und können diese dich aus dem Konzept bringen?
- ✓ Schaffst du es, das Gespräch mit deiner Empathie und Intuition zu führen und immer wieder in deine Richtung zu lenken?

KAPITEL 3

DAS WIR – GEMEINSAME ZIELE AUFDECKEN

Nach dem *Ich* und *Du* geht es nun ans *Wir*, ein spannender Ansatz der Vorbereitung. Hier steckst du den großen gemeinsamen Rahmen, der dir im Gespräch dienlich sein kann. Im Mittelpunkt steht die Frage: Wie definiert sich das *Wir* zwischen dir und der anderen Verhandlungspartei? Gibt es gemeinsame Ziele? Wie soll eure Zukunft bezogen auf den Verhandlungsgegenstand konkret aussehen? Ist eine enge Zusammenarbeit geplant, eine lose Geschäftsverbindung oder wird es zeitlich begrenzte Projekte geben, die auf Anhieb funktionieren müssen?

Wir-Überlegungen sind dann wichtig, wenn das bevorstehende Gespräch eine größere Bedeutung für die Zukunft hat. Wenn es mehr ist, als ein einmaliges Ergebnis über ein isoliertes Thema zu erzielen. Wichtig auch, wenn mehrere Menschen an der Verhandlung beteiligt sind. Wenn beispielsweise zehn Personen am Tisch sitzen, die alle unterschiedliche Aufgaben haben, bedarf es der exakten Planung eines *Wir*. Wenn es zum Beispiel um einen großen Lieferauftrag von Produktionsteilen für eine PKW-Serie geht, hole unbedingt alle Leute, die damit zu tun haben, mit an einen Tisch. Dann gilt es, verbindliche Regeln und Absprachen zu finden, Prozesse festzulegen, Verbindlichkeiten zu schaffen.

Wenn du im Vorfeld deine Argumente auf das Gesamtkonstrukt *Wir* abstimmst, tust du dir in der Verhandlung leichter. Alle Teilnehmenden haben eine bestimmte Aufgabe in diesem Verhandlungsteam. Jeder möchte Wertschätzung. Jeder hat Erwartungshaltungen. Bedenke das, wenn der Gesprächspartner oder die Gesprächspartnerin ankündigt, Leute aus seinem beziehungsweise ihrem Team mitzubringen. Anstatt mit einer Person zu verhandeln, hast du beispielsweise plötzlich eine Gruppe von Expertinnen vor dir, die alle mitreden werden und bestimmte Aufgaben erfüllen. Du solltest vorab wissen, wer das ist. Du kannst mit der Einladung die Personenzahl und deren Positionen abfragen, sodass du dich einstellen und vorbereiten kannst. Beachte jedoch, dass eine Verhandlung grundsätzlich einfacher durchzuführen ist, wenn auf beiden Seiten gleich viele Leute sitzen.

Sitzt du allein fünf Menschen der Gegenseite gegenüber, bist du mental in einer schwächeren Position. Dein Anker wird Höchstleistung bringen müssen. Überlege doch mal, ob du auch jemanden zur Unterstützung mitnehmen kannst. Das würde dir den Rücken stärken. Wichtig ist jedoch, dass Menschen zusammenkommen, die auch Entscheidungen treffen können und gemeinsame Schnittmengen haben. Was bedeutet das? Jeder möchte, egal zu welchem Thema und welcher Brisanz, eine faire Verhandlung. Das ist die gemeinsame Schnittmenge. Es ist auch relevant, ob tatsächlich alle zu einer gemeinsam getragenen, einvernehmlichen Einigung oder Entscheidung kommen möchten.

Ich erlebe oft, dass die meisten Verhandlungen nur eine gute Zusammenarbeit anstreben. Eine gemeinsame Schnittmenge wäre in diesem Fall, nach der Verhandlung ein besseres Verständnis füreinander zu haben, eine bessere Kommunikation und einen reibungsloseren Prozessablauf. Eine gemeinsame Schnittmenge wäre auch, schon während der Verhandlungen das Gefühl zu bekommen, dass sich jeder für ein gemeinsames Ziel einsetzt und alles angesprochen wird, auch unangenehme, bisher unausgesprochene Dinge. Auch das gehört zum *Wir.* Ein Bespiel aus meinem Alltag: Eine Studentin wollte mit mir über ihre Prüfungsarbeit verhandeln. Ich habe als erstes gefragt, ob es ihr Ziel ist, eine bessere Note auszuhandeln. Sie antwortete mir: »Nein, auf keinen Fall, ich möchte ganz genau wissen, was Ihre Kommentare bedeuten, damit ich mich für die nächste Prüfung noch besser vorbereiten kann«. Ich willigte ein und gab ihr via Teams ein Zeitfenster von 10 Minuten für ihre Fragen. Nach ungefähr zwei Dritteln unserer Gesprächszeit fragte sie nach einer Notenaufbesserung, sie brauche diese dringend, da sie sonst ein Modul nochmals machen müsse. Daraufhin erwiderte ich: »Nein« – mit der Begründung, die Zielsetzung hätten wir im Vorfeld abgemacht, diese sei »sich zu verbessern für die nächste Prüfungsvorbereitung«. Dies ist ein Beispiel, wo die Zielsetzung plötzlich vom Gegenüber gewechselt wurde, beziehungsweise wo zwei Personen zwei unterschiedliche Ziele verfolgen. Deswegen ist es so wichtig, am Anfang die Zielsetzung zu klären, damit wir, falls davon abgewichen wird, die Gesprächsführung zielorientiert weiterführen beziehungsweise beenden können und unseren Standpunkt verteidigen können.

DEINE CHECKLISTE

- ✓ Welche gemeinsamen Ziele habt ihr für den Zeitraum nach der Verhandlung?
- ✓ Setzt sich jeder in der Verhandlung für das gemeinsame Ziel ein?
- ✓ Welches sind die gemeinsamen Schnittmengen?
- ✓ Wie soll die *Wir*-Beziehung nach der Verhandlung aussehen?

TEIL 2

WÄHREND DER VERHANDLUNG

JETZT GEHT ES RICHTIG LOS!

KAPITEL 4

EIN FLIESSENDER ÜBERGANG

Der zweite Teil *Während der Verhandlung* beginnt nicht mit dem Schließen der Tür des Konferenzraumes, wenn alle anwesend sind und gespannt auf den Beginn warten, sondern schon sehr viel früher. Es gibt eine Verbindung zwischen Vorbereitung und Begrüßung zur Verhandlung, die oft vergessen oder kaum betrachtet, gestaltet und sinnvoll genutzt wird. Das ist die Zeit zwischen Vorbereitung und Begrüßung, kein abrupter Übergang, sondern fließend.

Wann beginnt die Verhandlung? Nehmen wir an, du fährst zur Verhandlung in ein Unternehmen. Dann beginnt die Verhandlung schon in dem Augenblick, wenn du aus dem Wagen steigst und den Weg zum Gebäude einschlägst. Spätestens aber dann, wenn du an der Rezeption stehst und beispielsweise nach deinem Ansprechpartner fragst. Oder auch dann, wenn du am Bahnhof oder am Flughafen abgeholt wirst. Da beginnt der erste Smalltalk, weil du wahrscheinlich schon mit dem Menschen zusammentriffst, der dir später in der Verhandlung gegenübersitzen wird. Der bekommt jetzt schon einen ersten Eindruck, ein erstes Bild von dir und du von ihm oder ihr.

Das, was in dem Moment zwischenmenschlich passiert, stellt die Weichen, denn genau hier kannst du anfangen, eine persönliche Beziehung aufzubauen. Schaffst du eine gute Atmosphäre, nimmt die Nervosität auf beiden Seiten automatisch ab. Es entsteht ein Gefühl der Sympathie, sodass es einfacher wird, später in die Verhandlung zu gehen. Dieser kleine Zeitraum hilft dir, dich mental auf den oder die Menschen einzustimmen, mit denen du sprechen wirst.

Wie oft erlebe ich, dass sich Menschen über den Wert dieser kleinen Zeitspanne nicht bewusst sind und dass ein ankommender Teilnehmer auf dem Parkplatz aussteigt und erst mal eine Zigarette raucht oder lautstark telefoniert und von seinem Umfeld keine Notiz nimmt. Das kann arrogant wirken und die anderen Verhandlungsparteien unbewusst auf Abstand bringen. Es passiert auch häufig, dass die Person an der Rezeption des Unternehmens nicht vorbereitet ist, nicht über Termin und deine Ankunft informiert ist oder Details erst umständlich raussuchen oder nachfragen muss.

Darum rate ich, etwas früher da zu sein, um dich einzustimmen und mit Raum und Technik vertraut zu machen. Bist du der Einladende, sorge dafür, dass deine Gäste nicht warten und wertvolle Minuten verschwenden müssen. Einen guten Eindruck hinterlässt es, wenn die erwarteten Teilnehmenden freundlich von der Rezeption zum Sitzungszimmer begleitet werden. Wenn du in ein Unternehmen kommst, nutze jeden Moment, zum Beispiel dazu, eine Beziehung zur Dame oder zum Herrn an der Rezeption aufzubauen. Vielleicht brauchst du diese Person mal, heute oder bei einem Folgetermin. Es ist immer gut, Personen in einem fremden Umfeld persönlich zu kennen, für den Fall, dass du Fragen hast. Das gibt dir Sicherheit. Es kann die Dame an der Rezeption sein, der Pförtner, der dich hineinlässt, die Sekretärin, wer auch immer.

Sei dir bewusst, dass du beobachtet wirst, sobald du aus deinem Fahrzeug aussteigst. Die Augen deiner Verhandlungspartner sind überall. Die Verbindung zwischen Vorbereitung und erster Begrüßung ist für viele oft ein luftleerer Raum, ein nicht wahrgenommenes Vakuum. Doch da findet eben dieser erste Eindruck statt, für den es keine zweite Chance gibt. Da entstehen oder verstärken sich menschliche Vorurteile. Das bedeutet, manchmal ist die Meinung über jemanden schon gefällt oder gefärbt, bevor das erste Wort gesprochen wurde. Positiv oder negativ. Wenn du es in dieser Zeitspanne bewusst steuerst, hast du schon einen Vorteil.

Die Verhandlung beginnt an der Nahtstelle von Vorbereitung und Begrüßung.

Indem du die Bedeutung dieser Nahtstelle erkennst und ihr volle Aufmerksamkeit schenkst, setzt du das erste Zeichen für eine erfolgreiche Verhandlung auf Augenhöhe. Es beginnt schon vor der eigentlichen Begrüßung, denn auch da hinterlässt du einen Eindruck. Bist du gut vorbereitet, kannst du ohne Lampenfieber selbstbewusst ins Gespräch gehen. Die Begrüßung markiert den Beginn und ist deine zweite Gelegenheit, einen positiven Eindruck zu hinterlassen. Mit Herzlichkeit, Respekt und Professionalität erschaffst du eine angenehme Atmosphäre, die dir den Weg für konstruktive Kommunikation und Zusammenarbeit ebnet.

Das gilt übrigens für alle Arten von Verhandlungen, auch Online-Meetings. Sobald du online bist, wirst du beobachtet: Wie du deine Technik einrichtest, deine Unterlagen zurechtlegst und dich mental vorbereitest. Während du dasitzt und wartest, machst du dir auch ein Bild von den anderen. Sich relaxt hinzulümmeln, wenn Menschen sich unbeobachtet fühlen, kommt nicht gut an. Hier Haltung zu zeigen bedeutet, diese Zeit für dich zu nutzen. Schwinge dich mental auf das Gegenüber und auf das, was dich erwartet, ein. Wenn du vor einer Online-Verhandlung nicht beobachtet werden willst, schalte Kamera und Ton noch aus, doch sorge dafür, dass nicht nur dein Name auf schwarzem Hintergrund gezeigt wird, sondern ein Bild von dir oder ein gestalteter Hintergrund in deiner Corporate Identity mit Logo. Selbstredend, dass du die Kamera während der Verhandlung immer anhast und nicht einfach aufstehst, um einen Kaffee zu holen. Das ist für andere Teilnehmende irritierend und sie fühlen sich nicht wertgeschätzt, wenn du es machst, während sie reden. Achte auch darauf, dass dein Mikrofon ausgeschaltet ist, wenn du vor der Verhandlung noch mit anderen Menschen redest.

11. Tipp: Konzentriere dich auf deinen Eindruck

Es ist ein Irrglaube, du könntest dich noch ausruhen, bis es losgeht. Das konntest du zuhause oder auf der Fahrt hierher. Jetzt ist Konzentration angesagt. Nutze die Zeitspanne zwischen Ankunft und Anfang für dich und hinterlasse genau den Eindruck, den du dir für die Sitzung vorgenommen und verankert hast. Dazu gehört auch, nicht hektisch oder nervös zu sein. Wenn du rechtzeitig da bist, hast du ausreichend Zeit. Ein guter Platz in der Verhandlung ist Gold wert.

Das »Hallo« vor der Begrüßung

Vor der offiziellen Begrüßung gibt es meist beim Eintreffen eine inoffizielle Begrüßung. Die ersten Worte prägen den ersten Eindruck, der mit in die Verhandlung genommen wird. Sie ebnen den Weg des sich Wohlfühlens. Es dürfen persönliche Worte sein. Ich frage mich, warum diese ersten Worte unbedacht, sogar banal gewählt werden. Wie oft bin ich schon gefragt worden: »Haben Sie uns gut gefunden?« Dieser Einstieg ist meines Erachtens nicht gut gewählt. Einerseits gibt diese geschlossene Frage wenig Raum, etwas dazu zu sagen. Andererseits hinterlässt sie den faden Geschmack von möglichen unnötigen Gedanken, wie zum Beispiel: »Wenn ich es nicht gefunden hätte, würden wir uns jetzt nicht begrüßen.« Zudem können mit einem solchen Einstieg unnötige Vorurteile entstehen.

Ein nichtssagender Begrüßungssatz hinterlässt bei mir immer einen blassen Eindruck. Dabei sollte man schon in dem ersten Moment mit den ersten Worten einen sympathischen Eindruck erwecken. Wenn ich so begrüßt werde, hat mein Gegenüber schon etwas verloren. Warum fragt er nichts Sinnvolles, Persönliches, Herzliches? Warum wählt er nicht einen Satz, der Freude, Respekt oder Wertschätzung ausdrückt? Nach dem Satz »Haben sie uns gut gefunden?« schmunzle ich in der Regel und sage ganz höflich: »Ja, das GPS hat's gut gefunden und ich bin da.«

12. Tipp: Wähle deine ersten Worte gezielt

Dieser Einstiegssatz hat die Aufgabe, Vertrauen zu wecken, die Offenheit des Gesprächs zu fördern und eine positive Atmosphäre zu schaffen. Ein möglicher Einstiegssatz könnte beispielsweise lauten: »Guten Tag [Name], ich freue mich, dass wir uns heute zur Verhandlung treffen. Ich bin zuversichtlich, dass wir in einem konstruktiven Gespräch zu einer für beide Seiten vorteilhaften Lösung kommen.« Dieser Einstiegssatz zeigt Respekt, Offenheit und den Willen zur Zusammenarbeit und legt damit den Grundstein für eine erfolgreiche Verhandlung. Es darf auch lockerer sein. Zeig Interesse am Gegenüber – idealerweise mit offenen Fragen. Es geht darum, Vertrauen aufzubauen, Menschen zu verbinden und Gemeinsamkeiten zu finden. Hier ein paar Vorschläge für Fragen von mir, mit denen es sich gelöst in ein Gespräch einsteigen lässt:

- Auf Ihrem LinkedIn-Profil oder auf der Website habe ich gesehen/gelesen, dass … Was ist genau mit XY gemeint?
- Was gefällt Ihnen an Ihrer Arbeit / in dieser Firma / in dieser Ausstellung?
- Wenn Sie eine Sache an Ihrem Arbeitsplatz verändern könnten, was wäre dies?
- Was brauchen Sie jetzt gerade, um …?
- Über welches Thema könnten Sie unvorbereitet eine Präsentation halten?

Das kommt doch ganz anders an, oder? Hat nicht jeder Gast eine eigene, individuelle Begrüßung verdient? »One for all« ist zwar bequem, aber weder höflich noch originell. Dieser Mensch hat den Weg auf sich genommen, um pünktlich hier zu sein. Hat seine Zeit geplant und investiert. Hatte vielleicht sogar Stress oder Stau unterwegs. Wären persönliche Worte nicht angemessen, eine Wertschätzung und verbale Brücke zur späteren Verhandlung?

Ein gutes Einstiegsgespräch signalisiert: Ich bin vorbereitet und freue mich auf das Gespräch mit dir. Für den Eingeladenen, Ankommenden gilt das übrigens auch: Auch er darf mit seinem Einstiegssatz sympathisch rüberkommen. Wenn ich in ein Unternehmen fahre, überlege ich mir entweder schon am Abend vorher, was ich sagen werde, oder mache mir auf dem Weg dorthin Gedanken. Manchmal gehe ich meine Vorbereitungsunterlagen durch oder stelle mir den Menschen vor, den ich treffen werde. Spätestens dann fällt mir etwas Sinnvolles, Wertschätzendes ein, basierend auf dem, was ich von der Person weiß.

Wenn ich nichts über die Personen, mit denen ich verhandeln werde, weiß und auch das Unternehmen nicht kenne, gehe ich am Abend vorher auf die Webseite. Was spricht mich an? Was fällt mir positiv auf? Dann könnte ein Einstiegssatz sein: »Guten Tag, Frau XY, wie schön, dass wir uns heute kennenlernen. Ich war gestern auf Ihrer Webseite und da ist mir Folgendes aufgefallen …« Dann bin ich schon voll im Thema. Manchmal passiert es auch, dass ich einen spannenden Aufhänger im Eingangsbereich des Unternehmens sehe, an der Rezeption, im Konferenzraum. Eine Firmenbroschüre, die ich kurz durchblättere, einen Flyer, ein Display, das im Eingangsbereich zu sehen ist. Es gibt immer einen Aufhänger, mit dem ich ins Gespräch kommen kann. Probiere es mal aus: Es macht einen Unterschied, für den anderen wie auch für dich.

Wenn ich jemanden zum zweiten oder zum dritten Mal treffe, könnte ich auch Bezug auf das letzte Meeting nehmen: »Ich bin meine Unterlagen nochmal durchgegangen und die Kernaussage des letzten Gesprächs war für mich das und das. Ich freue mich, wenn wir das heute vertiefen.« Begrüßungen mit inhaltlichem Bezug sind für mich bessere Einstiegssätze, als wenn ich sagen würde: »Hallo, schönes Wetter heute.« Es ist okay, aber nicht knackig oder originell.

Wenn du dich freust, jemanden persönlich kennenzulernen, nachdem du monatelang nur über Videocall gesprochen hast, darfst du das auch sagen. Das ist ein sympathischer, authentischer Begrüßungssatz. Ich persönlich finde Komplimente gut, wenn sie echt sind. Du kannst auch, wenn du persönlich vom Bahnhof oder Flughafen abgeholt wirst, sagen: »Vielen herzlichen Dank, dass Sie mich abholen. Ich schätze diesen Service sehr.« Schon ist das Eis gebrochen und der andere fühlt sich wertgeschätzt.

Wenn du vor oder im Sitzungszimmer bist, gilt es zu entscheiden: Möchtest du jedem die Hand geben oder nicht? Vor Corona hätte ich gesagt, das hängt davon ab, wie viele Menschen an der Verhandlung teilnehmen. Sind es bis zu acht Leute, begrüße ich mit Händedruck. Doch seit Beginn der Pandemie versuche ich sensibel und empathisch einzuschätzen, ob das gewünscht ist, und reagiere situativ. Sind es mehr als acht Leute, kann das Begrüßen aller mit Handschlag zu lange dauern. Wichtig ist, alle gleich zu behandeln, damit sich niemand übergangen fühlt.

Weil Begrüßung nicht gleich Begrüßung ist, habe ich im Laufe meiner langjährigen Tätigkeit eine Begrüßungsformel entwickelt: die *3 × 10-Formel*. Damit lassen sich viele Fehler vermeiden. Ich stelle mir dabei vor, dass eine Begrüßung aus ⅓ Blickkontakt, ⅓ Körperhaltung, ⅓ Inhalt besteht. Die 10 ist die zu Grunde liegende Einheit: die ersten 10 Sekunden Blickkontakt, 10 Zentimeter Körperaufrichtung, die ersten 10 Worte der Begrüßung. Blickkontakt bedeutet: gerade in die Augen schauen, freundlich, herzlich und unaufdringlich. Körperhaltung bedeutet: sich aufrichten. Natürliche Spannung im Körper erzeugen. Die Haltung darf Freude und Sympathie ausdrücken. Die ersten 10 Worte bedeuten: einen persönlichen, sinnvollen Begrüßungssatz sagen, der andere abholt, interessiert sein, mit warmer Stimme sprechen.

Es ist erwiesen, dass auf Basis dieser *3 × 10-Formel* der erste Eindruck entsteht, und dieser sollte doch positiv sein. Achtest du auf die Gewichtung der drei Elemente, spult sich automatisch bei jedem Menschen innerlich eine Einschätzung ab, ähnlich wie bei einem Film im Kino. Machst du das gut, bekommst du die ersten Sympathie-Punkte.

Wenn ich das meinen Studenten oder in Unternehmensseminaren erzähle, winken die meisten ab. »Das weiß ich doch schon alles!« Wissen bedeutet nicht, es auch zu tun oder zu beherrschen. Trotz ihres Wissens machen es viele nicht. Allein bei der Körperhaltung sehe ich, dass Menschen auch in der Öffentlichkeit wie Fragezeichen im Raum stehen, umhergehen und damit keine gute Figur machen.

Bei einer Begrüßung in kleiner Runde macht es Sinn, ein bisschen Smalltalk zu führen. Das lockert die Atmosphäre, stimmt die Teilnehmenden ein und man nähert sich an. Eine Begrüßung vergleiche ich gerne mit einem Radiosender: Da muss man auch erst die richtige Frequenz finden. Menschen brauchen für diese Annäherung länger oder kürzer. Soll die Sitzung kurz und knackig sein, bleibt dafür leider weniger Zeit. Sitzt man länger beieinander, darf man sich gerne mehr Zeit nehmen. Das sollte man auch, wenn Menschen dabei sind, die grundsätzlich länger brauchen, um mit anderen warm zu werden und sich erst mal ein Bild machen möchten, um Vertrauen aufzubauen. Wenn ich das intuitiv spüre, gehe ich sofort darauf ein. Die Länge hängt auch vom Zeitbudget ab, das angesetzt wurde. Wenn sich die Teilnehmenden schon kennen, braucht es normalerweise nur eine Begrüßung ohne Vorstellungsrunde. Interessanterweise reden wir mit Menschen, die wir schon kennen, länger.

Der offizielle Start

Endlich geht es los. Die Teilnehmenden sitzen an ihren Plätzen, die Tür ist geschlossen. Nun beginnt der offizielle Teil der Verhandlung. Auch hier gibt es eine Begrüßung, eine offizielle, die nicht unbedingt mit dem Satz beginnen sollte: »Ich hoffe, Sie haben alle gut hergefunden.« Egal, ob du Gastgeber bist oder als Gast eingeladen worden bist, es wird als wertschätzendes Zeichen empfunden, wenn du die Anwesenden mit Namen ansprichst. Wenn es keine Namensschilder gibt, merke sie dir. Das ist einfach, wenn nur etwa fünf Personen anwesend sind, bei 20 wird es schon schwieriger. Mache dir Notizen während der Vorstellungsrunde, immer in der Reihenfolge, wie sie sitzen. Wenn du eine wichtige Verhandlung vor dir hast, schaue dir am Abend vorher die Namen der Teilnehmenden an und versuche, im Internet die Gesichter auf deren Websites oder Social-Media-Profilen zu finden.

Die Art der offiziellen Begrüßung und die ersten Minuten der Verhandlung bestimmen die Stimmung im Raum und schaffen Vertrauen. Es ist eine Kunst, eine Begrüßung zu wählen, mit der sich alle angesprochen fühlen. Es gibt kleine Hilfsmittel, die du nutzen kannst, um deinem Gegenüber einen positiven Impuls zu geben. Dazu mehr im folgenden Tipp.

13. Tipp: Platziere positive nonverbale Signale

Welche sind das? Mein erster Rat lautet: Platziere etwas von der anderen Verhandlungspartei zuoberst auf deinen Unterlagen. Es kann eine Firmenbroschüre sein, die du aus dem Foyer mitgenommen hast, das Programm, das dir zugeschickt wurde, eine Visitenkarte. Vielleicht ist es auch ein Dokument auf ihrem Firmenbriefpapier. Ist das Logo sofort zu erkennen? Vielleicht ist es auch der Kugelschreiber mit dem Firmenschriftzug, den du beim letzten Mal bekommen hast. Ich lege solche Dinge in meine Ledermappe. Wenn ich sie öffne und mein Gegenüber das sieht, empfängt es ein Signal: »Ich habe mich positiv mit dir beschäftigt.« Wenn es das Erste ist, was dein Gegenüber bei dir sieht, fühlt er sich einen kleinen Moment lang in den Fokus gestellt und wertgeschätzt.

Bei einem Videocall-Meeting ist das etwas schwieriger: Du könntest deinen Bildschirm teilen und die Sitzung damit beginnen, dass auf der Startseite deiner Präsentation Name und Firmenlogo der anderen Person zu sehen sind. Egal wie oder was du machst, Ziel ist, dass du dem anderen dein Interesse bekundest und die Botschaft sendest, dass sie oder er wichtig für dich ist. Wertschätzend. Respektvoll. Du signalisierst auch, dass du dich nicht selbst in den Mittelpunkt stellst. Das Gegenüber bekommt für einen Moment volle Aufmerksamkeit. Diese kleine nonverbale Botschaft wird nicht kommentiert, aber positiv wahrgenommen.

Die Agenda – der Fahrplan der Verhandlung

Wenn du Gastgeber bist, stellst du nach der Vorstellungsrunde die Struktur und inhaltlichen Punkte der bevorstehenden Verhandlung vor. Punkt für Punkt. Es reicht zum Einstieg, das knapp zu halten, weil ihr später ausführlich Punkt für Punkt darauf eingeht. Es darf auch sein, dass du sagst: »Zu diesem und zu jenem Punkt habe ich mich besonders vorbereitet. Gibt es noch weitere Punkte, die Sie integrieren möchten?« Mit der Vorstellung der Struktur übernimmst du automatisch das Gespräch und beginnst es zu führen.

Wenn dein Gegenüber oder einer der Teilnehmenden zu viel und zu lange spricht, ist es an dir, die Gesprächsführung wieder zu dir zurückzuholen.

Wie weiter vorne schon beschrieben, darfst du höflich mit den Worten unterbrechen: »Lieber Herr / Liebe Frau XY, es ist spannend, Ihnen zuzuhören. Wir wollen noch Punkt drei besprechen. Wenn wir das in der vorgesehenen Zeit schaffen wollen, sollten wir fortfahren.« Du kannst mit diesen freundlichen Worten jeden Redeschwall unterbrechen und damit das Gespräch wieder an dich ziehen, ohne dass jemand beleidigt ist. Die Struktur hast du gut vorbereitet und idealerweise den Teilnehmenden vorab zugeschickt.

Die Agenda vorzustellen, gehört zur Phase der Einstimmung. Noch steht das Thema nicht im Raum. Die Diskussion hat noch nicht begonnen, noch hat niemand argumentiert oder Einwände gebracht. Nach der Strukturvorstellung wird die Zielsetzung der Sitzung formuliert. Nicht dein persönliches Ziel – das gehört nicht hierhin –, sondern das gemeinsame Ziel. Zum Beispiel könnte es heißen: »Unser Ziel für heute ist, diese drei Punkte genauer zu betrachten, weil wir uns beim letzten Mal darüber nicht ganz einig waren.« Mit guter Struktur und klarer, realistischer Zielsetzung ist es einfach, durch eine Verhandlung zu führen.

Vorstellungsrunde – nicht nur Icebreaker

Eine Vorstellungsrunde macht einen guten Eindruck und zollt jedem Teilnehmenden Respekt. Sie dient dem Zweck, sich gegenseitig kennenzulernen und eine angenehme Atmosphäre zu schaffen. Wenn du nur mit einer Person verhandelst, ist es empfehlenswert, dich vorzustellen und sie sich vorstellen zu lassen. Sind mehrere Menschen im Raum, ermöglicht die Vorstellungsrunde ein besseres Verständnis der Aufgaben und Einschätzung der Beteiligten. Sich miteinander vertraut zu machen, schafft eine Grundlage für eine effektive und kooperative Verhandlung.

Es gibt Untersuchungen darüber, welche Bedeutung eine Vorstellungsrunde haben kann, und das ist tatsächlich sehr interessant: Es hat sich nämlich gezeigt, dass eine Vorstellung der Teilnehmenden, bei der neben Namen und Positionen auch ein paar persönliche Informationen sowie die Erwartungen an die Verhandlung geteilt werden, zu einer positiveren Wahrnehmung führt. Indem man mehr über Hintergründe, Interessen und die Expertise der einzelnen Personen erfährt, können schnell mögliche Gemeinsamkeiten und Synergien identifiziert werden, was wiederum den Verhandlungsprozess, die Gesprächsatmosphäre und das Vertrauensverhältnis nachhaltig beeinflusst.

In einem meiner Seminare habe ich folgende Übung gemacht: Es haben sich zwei Gruppen gebildet, die sich einander vorstellen sollten. Die Teilnehmenden der ersten Gruppe nannten Namen und Position, die der zweiten nannten in wenigen Worten ein paar persönliche Informationen. Sie skizzierten kurz ihre Kompetenz in Bezug auf das zu besprechende Thema. Interessant war das Ergebnis: Das spätere Verhandlungsgespräch der zweiten Gruppe war intensiver, man gab und bekam tiefere Informationen und das Verhandlungsergebnis war signifikant besser. Grundsätzlich ist es ein Phänomen: Wenn Menschen etwas Persönliches von sich preisgeben, entsteht bei anderen die moralische Verpflichtung, es auch zu tun. Nach dem Motto: Wenn ich dir etwas von mir erzähle, erzählst du mir auch etwas von dir.

Darum integriere ich in meine Vorstellungsrunden immer beides: Name, Position und eine kurze persönliche Vorstellung. Ein Beispiel hierzu könnte wie folgt klingen: »Ich bin seit drei Jahren hier im Unternehmen, meine Funktion ist die und die. Mich beschäftigt im Moment das und das. Über den Punkt unserer Sitzung habe ich mir lange Gedanken gemacht, weil ich zusammen mit Ihnen den besten Weg zu einer Lösung finden möchte.« Wenn sich jemand so vorstellt, strahlt er oder sie Sympathie und Kompetenz aus.

Konzentriere dich bei der Vorstellungsrunde auf das *Warum* oder *Wofür*! Die meisten Menschen sprechen bei der Vorstellungsrunde über das *Was* und nur wenige über das *Wie*. Fast niemand über das *Warum* oder *Wofür*. Wofür wir stehen oder warum wir etwas tun, das interessiert das Gegenüber.

Du kannst nach deinem Namen und deiner Funktion zum Beispiel mit folgenden Satzanfängen fortfahren, dann hast du das *Warum* und *Wofür* mit dabei:

- Ich richte meinen Blick auf ...
- Ich stelle sicher, dass ...
- Ich kümmere mich um ...
- Mir ist wichtig, dass ...
- Ich löse ...
- Ich unterstütze ...

Wie können wir am besten reagieren, wenn jemand weder Erwartungen noch Persönliches mit der Runde teilen möchte? Bei Zweiterem reagierst du im besten Fall verständnisvoll und bleibst vorwiegend auf der Sachebene. Anders ist es, wenn dein Gegenüber keine Erwartungen teilen möchte. Hier hast du mehr Handlungsspielraum, um das Gespräch am Laufen zu halten. Beispielsweise könntest du wie folgt nachfragen:

- Was heißt das genau?
- Wenn Sie keine Erwartungen haben, entstehen diese dann laufend während der Verhandlung?
- Können wir die Erwartungen laufend abgleichen?
- Gibt es denn wirklich kein Ziel oder ein ungefähres Ziel?
- Heißt das, dass Sie automatisch am Schluss zufrieden sind? (Humorvoll anbringen, passt nicht überall.)

Einen weiteren positiven Effekt einer individuellen Vorstellungsrunde möchte ich dir nun schildern. Die persönliche Vorstellung schafft Vertrauen und räumt meiner Erfahrung nach Vorurteile aus dem Weg, die das Gespräch negativ beeinflussen könnten. Diese nämlich führen nicht selten zu Kommunikationshindernissen. Menschen neigen dazu, sich anhand des ersten Eindrucks, einer Geste, eines unbedachten Wortes, manchmal auch nur eines Blicks wegen Vorurteile zu bilden. Vorurteile zwischen Menschen rufen immer innere Dialoge hervor. Eine Art von Kopfkino. Wenn das zwischen Verhandlungsteilnehmenden entsteht, ist eine klare Kommunikation kaum möglich. Es ist sinnvoll, sich bewusst zu sein, wie sehr Vorurteile die Wahrnehmung und das Verständnis des Gegenübers beeinflussen können. Jedes Wort wird durch die Brille der Vorurteile gefiltert. Das Ergebnis der Sitzung wird zwangsläufig beeinflusst. Schaffst du es, vorurteilsfrei zu bleiben, schaffst du damit Raum für Offenheit.

Eine Verhandlung wird nur dann nachhaltig erfolgreich sein, wenn sie auf Basis des gegenseitigen Vertrauens, des respektvollen Austauschs und auf Augenhöhe stattfindet. Wenn diese Basis geschaffen wurde, können sich die Teilnehmenden der Sitzung auf die Inhalte konzentrieren und bewegen sich in einer Atmosphäre, in der eine konstruktive und lösungsorientierte Kommunikation möglich ist. Deswegen ist die Vorstellungsrunde mit kleinem persönlichen Anteil sinnvoll. Dabei werden erste Vorurteile aus dem Weg geräumt.

Vorurteile bremsen, wenn es darum geht, offen auf andere Menschen zuzugehen, sie in ihrer Gesamtheit wahrzunehmen und ihre Stärken zu erkennen. Das habe ich selbst erlebt und die Erkenntnis daraus hat mich geprägt. Meine Story zum Thema Vorurteile fand in Perth, Australien, statt: Ich saß in der U-Bahn. Diese war kaum besetzt. Dann kam ein unglaublich dicker Mann rein und setzte sich mir gegenüber. Ungepflegt, mit Pickeln im Gesicht, lümmelte er sich vor mich hin. Bei mir schaltete sich augenblicklich Kopfkino ein. Ich dachte: »Wie kann man nur so dick sein!«, und beobachtete ihn skeptisch.

An jeder Station stiegen mehr Menschen ein und ich konnte sehen, dass auch andere ihn kritisch beäugten. Kurz vor der Endstation, als der Waggon fast voll war, begann dieser Mann mit einer unglaublich klangvollen Stimme zu singen. Ich bekam Gänsehaut. Mir kamen die Tränen. Magie war zu spüren, er erreichte Herzen. Im Waggon wurde es still. Seine Stimme zog jeden in den Bann. Als das Lied zu Ende war, setzte tosender Applaus ein. Keiner der Fahrgäste hat sich der Reinheit dieser Stimme entziehen können. Ich schämte mich. Meine Vorurteile fielen in dem Moment zusammen, als er zu singen begann, und lösten sich in Luft auf. Meine innere Stimme attackierte mich: »Was kann dieser Mann sonst noch besser als du? Wieso hast du ihn aufgrund der äußeren Erscheinung so geringschätzig beurteilt?« Das habe ich seitdem nie wieder getan und bis heute kommt mir ab und zu diese Begebenheit in den Sinn, wenn sich in einer Verhandlung ein Vorurteil in meinen Kopf schleichen möchte. Seitdem vermeide ich es, andere zu verurteilen, denn das Äußere ist kein Bild des Inneren.

Nicht nur innere Vorverurteilungen anderer können ein Gespräch negativ beeinflussen, auch wenn im Außen etwas zwischen dir und dem Gegenüber steht – eine große Tasche, ein Display, eine Mappe –, behindert das die Kommunikation. Verbal und nonverbal. Ähnlich wie eine Barriere. Es muss nicht, aber kann wie ein Schutzschild empfunden werden. Mit anderen Worten: Achte darauf, dass möglichst wenig zwischen dir und anderen steht. Innerlich wie äußerlich. Es ist auch nicht sinnvoll, in einem großen Sitzungsraum zu weit auseinander zu sitzen. Ist die äußere Distanz zu groß, entsteht auch eine innerliche Distanz. Je kleiner die Distanz, desto größer die Kraft, inhaltlich etwas rüberzubringen. Du kannst den anderen viel besser beobachten. Wie reagiert er auf das, was du sagst? Das sind oft nur feinste Nuancen, doch sie ermöglichen dir, empathisch intuitiv darauf zu reagieren.

KAPITEL 5

FRAGEND ZUM ERFOLG

Nach dem Einstieg in die Verhandlung und dem Aufbau einer positiven Verbindung beginnt die Phase, in der Fragen gestellt werden. Bei einem Verkaufsgespräch nennt man das *Bedarfsanalyse*: Du möchtest erfahren, worum es geht, was der andere braucht, wo das Problem ist. Man könnte es auch *Situationsanalyse* nennen. Ich nenne es *Fragephase.*

Gute Fragen ebnen den Weg in eine erfolgreiche Verhandlung und klären, worum es geht.

Durch geschicktes Fragen gewinnst du wertvolle Informationen, die dir helfen, Bedürfnisse, Interessen und Ziele der Gegenpartei besser zu verstehen. Mit Fragetechniken lenkst du den Verhandlungsprozess, bekommst tiefergehende Einsichten und gelangst letztendlich zu einer erfolgreichen Lösung. Fragen eröffnen den Raum für Dialoge, fördern den Austausch unterschiedlicher Perspektiven und machen es möglich, sich in die Lage des Gegenübers zu versetzen.

Mit Fragen dringst du zu den zugrunde liegenden Motiven, Wünschen und Ängsten der anderen Partei vor. Kennst du die, hast du eine Grundlage, Win-win-Situationen zu schaffen. Es gibt bekannte und weniger bekannte Fragetechniken, die sich in einer Verhandlung einsetzen lassen. *Offene* und *geschlossene Fragen* kennt fast jeder. Spannender sind tiefergehende Fragetechniken wie beispielsweise die *Perspektivfrage*. Die Fragen zielen darauf ab, die zugrunde liegenden Motive, Interessen und Emotionen des Gegenübers zu erforschen und eine Basis für Verständnis und Kompromisse zu schaffen. Der Einsatz von Fragetechniken braucht Feingefühl, Empathie und auch Flexibilität. Es geht darum, die richtigen Fragen im richtigen Moment zu stellen und dann aktiv zuzuhören, auf die Antworten einzugehen und damit den Gesprächsverlauf bewusst zu lenken. Fragetechniken sind das Werkzeug, das uns hilft, den Verhandlungsprozess zu gestalten und Ziele zu erreichen.

Gut zu fragen ist eine Kunst. Manche Menschen beherrschen sie intuitiv, andere nicht. Sich bei der Fragestellung nur auf die eigene Intuition zu verlassen, funktioniert nur dann, wenn du die Fragetechniken vorher gelernt hast, dann kannst du diese Techniken auch intuitiv und spontan abrufen. Wie bei einer Fremdsprache, die man mal gelernt hat. Wir alle kennen das: Obwohl wir diese Wörter dieser Fremdsprache gelernt haben, kann es sein, dass uns trotzdem ein bestimmtes Wort oder eine Redewendung nicht einfällt. Diese Wörter liegen uns auf der Zunge und wir können sie meistens wieder abrufen. Je nachdem, wie lange es her ist oder wie oft wir diese Wörter oder Redewendungen verwenden, finden wir die Lösung direkt unter der Oberfläche des Bewusstseins im Unterbewusstsein oder tiefer, im Keller des Unterbewusstseins.

Wenn wir etwas nicht kennen, können wir dies nicht abrufen. Je mehr wir etwas brauchen, desto leichter können wir dies abrufen. Deswegen mein Tipp: Lerne zuerst möglichst viele Fragetechniken kennen und wende diese im Alltag so oft wie möglich an. Hast du starke Fragen im Gepäck, kann dich nichts aus der Ruhe bringen. Mir persönlich gibt das eine Grundsicherheit und meiner Intuition Raum. Es gilt, wie im ersten Teil des Buches erklärt, starke Fragen vorzubereiten, um den richtigen Einstieg zu finden. Vielleicht kommen dir spontan weitere in den Sinn. Egal, welche du stellst, sie sollten so kraftvoll sein, dass sie den anderen motivieren, viele Informationen preiszugeben.

Was ist der Maßstab für gute oder schlechte Fragen? Es gibt keine pauschale Antwort. Ich persönlich stelle Fragen so, dass ich erfahre, was mein Gegenüber braucht, wo er steht und was er in der Verhandlung erreichen möchte. Das ist meine Art von Respekt, den ich meinem Gegenüber zolle. Damit öffne ich bewusst den Raum für wertschätzende Kommunikation. Wenn du es schaffst, die Fragephase positiv und informativ zu gestalten, fühlt sich dein Gesprächspartner angenommen. Er bekommt das Gefühl, es geht nicht nur darum, was du willst, sondern auch um seine Belange. Das schafft eine positivere Stimmung. Wenn du gute Verhandlungsergebnisse erzielen möchtest, ist es sinnvoll, auf Augenhöhe zu agieren, alles abzufragen und dann gemeinsam zu überlegen, wie sich die gesammelten Faktoren für beide Parteien sinnvoll zusammenbringen lassen.

Du hast dir während deiner Vorbereitung schon Gedanken über Fragen aus deiner Perspektive gemacht. Die gilt es nun konkret mit Leben zu füllen. Je klarer du erkennst, was dein Gegenüber beschäftigt, desto besser kannst du das in weitere Fragen einbinden. Sie sind ein gutes Medium, um jemanden kennenzulernen und sich auf sie oder ihn einzustimmen. »Wer richtig fragt, der führt.« Deine Fragen bestimmen die Qualität der Verhandlung. Wer verschiedene Fragetechniken beherrscht, kann sie gezielt und effektiv einsetzen. Darauf möchte ich nun eingehen.

Ich unterscheide zwei Gruppen von Fragen:

Einfache Fragen:

- Offene Fragen
- Geschlossene Fragen
- Sammelfragen
- Vertiefende Fragen
- Alternativfragen
- Suggestivfragen
- Kontrollfragen

Komplexe Fragen:

- Hypothetische Fragen
- Perspektivische Fragen
- Polaritätsfragen
- Rhetorische Fragen
- Skalierungsfragen
- Lösungsorientierte Fragen
- Verhaltensfragen

Einfache Fragen stellen wir tagtäglich, mehr oder weniger unbewusst. Situativ. Egal welche, du kannst jede Frageform gezielt einsetzen. Lerne damit umzugehen, um bestimmte Ergebnisse zu erreichen. Nachfolgend stelle ich die einfachen der Reihe nach vor. Danach führe ich dich mit komplexen Fragen in die hohe Kunst des Fragens ein. Beherrschst du sie, kannst du jedes Gespräch punktgenau so steuern, wie du es möchtest.

Einfache Fragen – auf Simple ist Verlass

Offene und geschlossene Fragen

Offene und geschlossene Fragen sind zwei grundlegende Arten von Fragen, die du in einem Gespräch geschickt verwenden kannst. Die offenen ermutigen die Verhandlungsteilnehmenden, ausführlich und detailliert zu antworten und mehr als ein kurzes Ja oder Nein rückzumelden. Offene Fragen beginnen mit Worten wie *Wer*, *Was*, *Wie*, *Warum* oder *Wann*. Damit erfragst du bestimmte Informationen, aber auch Meinungen, Perspektiven oder Erfahrungen des Gegenübers. Sie geben Raum für einen erweiterten Dialog, fördern das Nachdenken und helfen, tiefere Einblicke in das Thema oder die Situation zu bekommen.

Wenn ich zum Beispiel frage: »Wie war deine Bewerbung gestern?«, bist du angehalten, mir zu erzählen, wie es gelaufen ist. Anders bei geschlossenen Fragen. Da reicht ein Ja oder Nein. Fragst du geschlossen, wird dein Gegenüber eine Auswahl aus mehreren Möglichkeiten treffen, die du ihm vorgibst. Wenn ich frage: »Soll ich das Fenster öffnen?«, besteht die Antwort nur aus einem Wort. Sich der Macht einer Frage bewusst zu sein, gibt die Möglichkeit, in einer Verhandlung damit zu arbeiten. Wenn ich einem Menschen gegenübersitze, der nicht so gerne spricht, stelle ich offene Fragen. Mit geschlossenen kommt die Kommunikation nicht in Fluss und ich erfahre zu wenig.

Im Gegensatz dazu werden geschlossene Fragen mit einer kurzen und präzisen Antwort beantwortet: »Ja«, »Nein« oder mit einer Auswahl, die du vorgibst. Geschlossene Fragen beginnen oft mit Wörtern wie »Haben Sie …?«, »Ist es …?«, »Können Sie …?« oder »Waren Sie …?«. Diese Art zu fragen ermöglicht, schnell und gezielt bestimmte Informationen zu erhalten und den Gesprächsverlauf zu steuern. Geschlossene Fragen sind geeignet, wenn ein Sachverhalt klar ist und ich dafür abschließend Bestätigung oder Zustimmung brauche. »Sind wir uns im Klaren über den Sachverhalt?« Das bedeutet, ich setze geschlossene Fragen an der Stelle ein, wenn ich nicht weiter diskutieren möchte. Sie eignen sich auch, wenn jemand das Gespräch an sich reißt, es beherrscht, zu viel redet und ich ihn unterbrechen muss. Mit einer geschlossenen Frage nehme ich das Gespräch wieder an mich. Während offene Fragen eine ausführliche und umfassende Kommunikation möglich machen, zielen geschlossene auf klare und präzise Informationen ab. Es ist gut, beide zu beherrschen und damit gezielt die Verhandlung zu führen.

Offene und geschlossene Fragen sind wie Gas geben und Bremsen beim Autofahren.

Gas gibst du mit offenen Fragen, mit geschlossenen bremst du. Mit beiden Frageformen bestimmst du einen Gesprächsverlauf, kannst ihn verlangsamen oder jemanden ausbremsen, mit anderen Worten: das Gespräch steuern, verkürzen oder in die Länge ziehen.

Sammelfragen

Bei komplexeren Sachverhalten lassen sich die Inhalte mit einer Sammelfrage sinnvoll zusammenfassen und auf den Punkt bringen. Stell dir vor, du hast eine Verhandlung, in der es gänzlich unterschiedliche Aspekte zu berücksichtigen gibt. Mit dieser Art von Frage kannst du den Fokus halten und Gesprächsinhalte strukturieren, um Klarheit zu schaffen. In einer Sitzung könnte ich folgende Fragen so zusammenfassen: »Wir haben heute die erste Frage beantwortet, nämlich wie unsere Projektstruktur aussehen soll. Dann haben wir uns die Fragen gestellt: Welche Kommentare lassen wir zum Ablauf zu und wie können wir sie ins Skript integrieren? Zuletzt haben wir uns angeschaut, mit welchen Schritten wir nun konkret weiter vorgehen.«

Du erkennst das Prinzip? Mehrere Fragen lassen sich in einem Rutsch bündeln. Damit gibst du allen Gesprächsteilnehmenden einen Überblick über den Stand der Verhandlung. Das heißt, Sammelfragen fassen komplexe Sachverhalte zusammen. Aber Achtung: Möglichst immer im Dreiklang bleiben und nicht mehr als drei Fragen zusammenfassen, sonst verwirrt es mehr, als dass es Klarheit schafft.

Noch ein Trick: Wenn ich die Verhandlung führe,

nehme ich nur die Aspekte in die Sammelfrage, die ich auch weiter besprechen und verfolgen möchte. Beispielsweise hast du vier Sachen besprochen, möchtest aber nur auf drei weiter eingehen. Gern darf der vierte Aspekt unter den Tisch fallen und du fasst mit der Sammelfrage nur die drei favorisierten Dinge zusammen. Wenn dein Gegenüber das nicht bemerkt, ist ein Thema vom Tisch. Das klingt wie ein kleiner »Dirty Trick«, ist es auch. Natürlich wirst du das Thema wieder aufnehmen, wenn das von deinem Gesprächspartner bemerkt und verlangt wird. Doch manchmal ist es einen Versuch wert.

Vertiefende Fragen

Vertiefende Fragen sind ein mächtiges Instrument, um weitergehende Informationen zu erhalten. Wenn du das Gefühl hast, dass die Antwort auf deine Frage nicht ausreicht, kannst du tiefer ins Thema eintauchen. Diese Art von Frage zielt darauf ab, mehr Details, Hintergründe oder spezifische Beispiele zu bekommen. Sie zeigt dem Gegenüber dein Interesse und dass du ihn wirklich verstehen möchtest. Ein Beispiel: Dein Gesprächspartner, dem du eine Dienstleistung verkaufen willst, sagt, dass er kein Budget hat. Dann kannst du fragen: »Wie meinen Sie das genau?« »Meinen Sie kein Budget für dieses Jahr oder generell?« »Kein Budget für diese Abteilung?« Je tiefer du fragst, desto mehr wertvolle Infos kommen ans Licht und die wiederum nutzt du für den weiteren Gesprächsverlauf.

Ein anderes Beispiel im persönlichen Kontext: Wenn du mir erzählst, dass du gestern eine strenge Bergtour gemacht hast, kann ich dich fragen, was für dich »streng« bedeutet. Für den einen sind 250 Höhenmeter streng, beim anderen beginnt »streng« erst bei 1000 Höhenmetern. Ein Unterschied, der relevant ist, wenn du eine passende sportliche Begleitung für eine Bergtour suchst.

Interessant ist, dass sich manche Menschen in Verhandlungen ungern festlegen und deshalb so wenige Informationen wie möglich preisgeben, ganz nach dem Motto: lieber an der Oberfläche bleiben und keine Stellung beziehen. Mit vertiefenden Fragen lockst du sie aus der Reserve. Ich persönlich stelle vertiefende Fragen, wenn ich kein klares Bild im Kopf habe oder wenn irgendetwas schwammig oder nicht vorstellbar ist. Mit einer klaren Vorstellung kann man Situationen und Menschen besser einschätzen und sinnvoll reagieren.

Nehmen wir ein Beispiel: Nach Corona und aufgrund der Ukraine-Krise gibt es weltweit bei vielen Unternehmen im Vertrieb Lieferfrist-Verzögerungen. Du stehst in einer Verkaufsverhandlung. Darin sollte der Vertriebler die Verzögerungen von Anfang an offenlegen, um spätere Probleme zu vermeiden. Die Reaktion des Kunden könnte sein: »Die Lieferung kommt aber viel zu spät.«

Hier sind vertiefende Fragen ideal, denn wenn du nachfragst, lässt sich das konkretisieren: »Was bedeutet Ihnen ›viel zu spät‹?« »Würde es Ihnen helfen, wenn wir einen Teil bis zum Ende des Monats, den anderen Teil einen Monat später liefern?« »Würde es Ihnen helfen, wenn wir eine Alternative für dieses oder jenes Produkt finden?« Mit vertiefenden Fragen lassen sich Möglichkeiten herausarbeiten, die auf den ersten Blick nicht erkennbar sind.

Fragen dieser Art können auch sicherstellen, dass das Gleiche gemeint ist. Wie etwa bei einem Einstellungsgespräch, wenn jemand sagt: »Für mich ist Motivation bei der Arbeit wichtig.« Dann ist es sinnvoll, wenn ich nachhake: »Was genau verstehen Sie unter Motivation in diesem Zusammenhang?«, denn ohne diese zusätzliche vertiefende Frage interpretiert jeder für sich, was Motivation bei der Arbeit ist.

Damit kannst du schwierige Preisverhandlungen, Kundengespräche, sogar Konflikte für beide Seiten gewinnbringend zu einer guten Lösung führen. Die Antworten öffnen

Spielräume, geben wertvolle Informationen und zeigen die Prioritäten deutlich.

Alternativfragen

Alternativfragen sind eine effektive Fragetechnik, wenn du Menschen das Gefühl geben möchtest, selbst etwas mitzuentscheiden. Anstatt dein Gegenüber in eine bestimmte, vorhersehbare Richtung antworten zu lassen, präsentierst du verschiedene Optionen zur Auswahl. Damit öffnest du die Möglichkeit, Präferenzen und Bedürfnisse klar zu äußern, und gleichzeitig hast du das Gefühl, Kontrolle über die Situation zu haben. Wenn Alternativfragen geschickt eingesetzt werden, förderst du einerseits die aktive Beteiligung aller Teilnehmenden und ermöglichst ihnen andererseits, ihre Standpunkte und Interessen klarer zu formulieren.

Wenn ich dich frage: »Möchtest du Wasser mit oder ohne Kohlensäure?«, entscheidest du dich entweder für das eine oder das andere. Doch ich bin diejenige, die eine Auswahl gestaltet. Ich habe nur Wasser angeboten, nicht Kaffee oder Cola. Du hast zwar das Gefühl, selbstbestimmt zu entscheiden, doch ich bestimme die Richtung. Bei einer Gehaltsverhandlung könnte so eine Frage wie folgt aussehen: »Möchten Sie im weiteren Gespräch auf die Variante mit dem klassischen Teilzeitmodell von 80 % oder auf jenes mit mehr Urlaubstagen pro Jahr inklusive Weiterbildungstage vertiefend eingehen?«

Alternativfragen sind geeignet, wenn es mehrere Lösungen für einen Sachverhalt gibt. Auch da gilt das Prinzip der *Dreierstruktur*: Beim gesprochenen Wort nie mehr als drei Auswahlmöglichkeiten nennen, sonst verwirrt es. In die Mitte legst du das, was der andere nicht wählen sollte. Es ist psychologisch erwiesen, dass wir intuitiv das erste oder letzte wählen. Beides können wir uns besser merken als das, was dazwischen liegt.

Suggestivfragen

Suggestivfragen sind etwas Besonderes, weil du in der Art zu fragen gleich eine bestimmte Antwort implizierst oder eine gewünschte Meinung vorgibst. Damit lenkst du dein Gegenüber in eine bestimmte Richtung. Wer Suggestivfragen stellt, will eine Bestätigung für seine Meinung. Das wird in der Politik gemacht, um Aufmerksamkeit für eine These oder Richtung zu bekommen: »Sie wollen doch auch keine Staus auf unseren Straßen, oder?« Da Meinungen und keine Fakten abgefragt werden, liegt die Kunst in der Argumentation, wenn man dagegen etwas einwenden und das Thema in eine andere Richtung lenken möchte. Konkret bedeutet das, dass man in so einem Fall zunächst eine Antwort auf die zuerst gestellte Frage geben sollte, bevor man eine neue These aufstellt. Um auf unser Beispiel von oben zurückzukommen: »Ja, das ist richtig, ich möchte auch keine Staus auf unseren Straßen. Um dieses Thema jedoch final abzuschließen, benötige ich Hintergrundinformationen. Auf welche Konsequenzen müssen wir uns einstellen, wenn wir diese Staus vermeiden?«

Suggestivfragen geben die Antworten unterschwellig vor. In einer fairen und konstruktiven Verhandlung ist es besser, darauf zu verzichten und stattdessen offene und neutrale Fragen zu stellen, die es ermöglichen, eigene Standpunkte und Perspektiven auszudrücken.

In meinen Seminaren setze ich manchmal Suggestivfragen ein: »Sind Sie damit einverstanden, wenn ich die letzte halbe Stunde methodisch und didaktisch etwas lockerer gestalte?« Da kommt nie ein Nein. Es wäre auch schwierig, denn die Teilnehmenden wissen gar nicht, was ich mit »locker gestalten« meine. Da könnte eine vertiefende Frage Klärung bringen.

Kontrollfragen

Mit Kontrollfragen klärst du, ob dein Gegenüber alles richtig verstanden hat. »Habe ich Sie richtig verstanden, Herr Mayer, dass wir uns darauf geeinigt haben, diese Methode einzusetzen?« Damit stellst du sicher, dass beide Parteien das Gleiche unter der getroffenen Vereinbarung verstehen. Das minimiert das Risiko von Missverständnissen und stellt sicher, dass beide Parteien auf demselben Stand sind. Gezielte Kontrollfragen geben die Möglichkeit, Verständnis des Gesagten zu überprüfen und gegebenenfalls weitere Erklärungen oder Klarstellungen anzufordern. Das fördert eine effektive Kommunikation in einer Verhandlung und spart unterm Strich viel Zeit. Es ist sinnvoll, am Ende eines Gesprächs eine Kontrollfrage zu stellen: »Wir haben das und das abgemacht. Stimmt es für Sie, wenn wir so weiterverfahren?«

Die Gruppe der einfachen Fragen umfasst die gängigsten. An meinen Beispielen erkennst du, wie sich Gespräche, deren Länge und Tiefe sowie dein Redeanteil und die Gesprächsführung gezielt steuern lassen. Wer fragt, der führt. Ideal ist, wenn ich Fragen stelle und mein Gegenüber mir in seinen Antworten möglichst viele wertvolle inhaltliche oder auch persönliche Informationen liefert.

Damit kommen wir zu den anspruchsvolleren Fragen.

Komplexe Fragetechniken für außergewöhnlichen Informationsaustausch

Hypothetische Fragen

»Angenommen, es würde ein Wunder geschehen und Ihre Bedenken wären von allein verschwunden, woran genau würden Sie das bemerken?« Wie man an dieser Frage erkennt, können wir mit dieser Art von Fragen Denkmauern überwinden. Hypothetische Fragen sind die ganz hohe Schule des Fragens. Du kannst sie einsetzen, um mögliche Szenarien oder Optionen in den Raum zu stellen, die bis dato nicht existieren. Mit hypothetischen Fragen erweiterst du das Denken deines Gegenübers und zeigst alternative Perspektiven oder Lösungswege auf. Hypothetische Annahmen fördern Kreativität und strategisches Denken und öffnen den Raum für komplett neue Möglichkeiten. Sie ermutigen, unterschiedliche Szenarien, innovative Lösungen oder erweiterte Perspektiven zu betrachten, die man bis dahin kaum oder gar nicht für möglich gehalten hätte. Ein wertvolles Werkzeug, um den Verhandlungsprozess zu vertiefen und mehr Inhalt zu generieren für das weitere Gespräch.

Wann stellst du eine solche Frage und wie könnte sie aussehen? Nehmen wir an, deinem Gegenüber erscheint dein Preis zu hoch. Dann kannst du fragen: »Mal angenommen, Herr Mayer, wir sind uns über den Preis einig, was ist Ihnen sonst noch wichtig in unserer Zusammenarbeit?« Seine Antwort zeigt dir seine Bewertungskriterien. Die kannst du wunderbar in dein Angebot einarbeiten. Nehmen wir an, dein Gegenüber sagt: »Mir ist es wichtig, dass Sie zuverlässig sind und dass wir keine Unterbrechungen in der Fertigung haben.« Dann kannst du mit deiner Antwort nun direkt auf ein paar umgesetzte Beispiele zum Thema Zuverlässigkeit schwenken und den höheren Preis indirekt rechtfertigen.

Mit der hypothetischen Frage lässt sich auch schnell erklären, warum jemand unzufrieden ist. »Mal angenommen, wir finden dafür eine Lösung. Was gibt es noch, was Sie gerne anders hätten?« Mit hypothetischen Fragen hackst du dich in die Gedanken des anderen ein. Du bekommst Material, um damit zu arbeiten oder neue Ideen oder Lösungen zu entwickeln. Ich selbst setze sie gerne in der Akquise von Zusatzaufträgen ein. Nach einem erfolgreich durchgeführten Seminar verabschiede ich mich und frage: »Mal angenommen, wir nehmen den nächsten thematischen Schritt für ein folgendes Seminar in Angriff. Was wäre Ihnen dabei wichtig?« Manchmal öffnet diese Frage, zum richtigen Zeitpunkt gestellt, Raum für einen weiteren Auftrag.

Hypothetische Fragen sind sehr effektiv, denn ihre Wirkung ist anders als bei einfachen Fragen. Wenn jemand mir solch eine Frage stellt, weiß ich, mein Gegenüber versteht etwas vom Verhandeln. Hypothetische Fragen eignen sich in Momenten, wenn du mehr Informationen brauchst, als der andere bis dato gegeben hat, aber auch, wenn du einen einzigen Sachverhalt priorisieren oder in den Fokus rücken möchtest. Zum Beispiel: »Vorausgesetzt, wir finden uns im Preis, was ist Ihnen sonst noch wichtig?« Dann adressiere ich eine direkte Aussage und sage: »Der Preis ist wichtig. Gerne können wir diesen anschauen, nachdem wir die Leistungen besprochen haben.«

Eine wichtige Regel beim Verhandeln ist, niemals mit dem Preis zu starten.

Durch die Priorisierung der Inhalte und des Nutzens steht der Preis zunächst in zweiter Reihe. Dein Gegenüber setzt sich gedanklich zuerst mit den wichtigen Dingen auseinander, nämlich, was er bekommt und was sein Nutzen ist, bevor er den Preis wissen will.

Ein anderer Aspekt der hypothetischen Frage: Nehmen wir an, die andere Verhandlungspartei will in eine Richtung und du willst in die andere. Mit einer hypothetischen Frage animierst du sie, inhaltlich aus ihrer Box zu kommen und in deine Richtung zu denken. Anders ausgedrückt: Mithilfe der Frage übernimmst du gezielt die Führung des Gesprächs und lenkst immer wieder in die Richtung deines Ziels. Vielleicht habt ihr beide eine Idee im Kopf, könnt euch aber nicht einigen. Dann könnte die Frage sein: »Vorausgesetzt, es gäbe noch eine dritte Lösung oder eine Kombination aus unseren beiden Ansätzen, wie würde diese aussehen?« Du fragst ein mögliches Verhandlungsergebnis ab. Denn in den Antworten liegen wertvolle Lösungsideen.

Perspektivische Fragen

Perspektivische Fragen erweitern ebenfalls das Denken der Verhandlungsteilnehmenden, wenngleich auf andere Weise als die hypothetischen. Es liegt im Naturell des Menschen, dass er Dinge zunächst aus der eigenen, persönlichen Perspektive betrachtet und bewertet. Mit einer perspektivischen Frage kannst du den Blick gezielt auf eine andere Sichtweise lenken und dein Gegenüber dazu bringen, das Thema mal von einem anderen Standpunkt aus zu betrachten. Wenn jede Verhandlungspartei eine festgefahrene Meinung vertritt, von der keiner abweichen will, wirkt ein Perspektivenwechsel Wunder, auf beiden Seiten. Du initiierst eine differenzierte Betrachtung und öffnest den Raum für neue Perspektiven. Dadurch können Erkenntnisse gewonnen, Vorurteile aufgebrochen und Lösungswege entdeckt werden, die zuvor nicht in Betracht gezogen wurden. Perspektivische Fragen eröffnen den Raum für Empathie, Verständnis und Kreativität und verhindern, dass ein Gespräch zum Kräftemessen wird, in dem es nur noch darum geht, den anderen unbedingt von der eigenen Meinung zu überzeugen.

Mit dieser Art von Fragen kannst du auch sehr gut Konflikte oder eingefrorene Verhandlungssituationen lösen und zu einer gemeinsamen Basis zurückführen.

Ein Perspektivwechsel eröffnet neue Horizonte und fördert eine kooperative und ganzheitliche Herangehensweise.

Die perspektivische Frage schafft das, was oft unmöglich scheint: eine vorgefertigte Meinung zu ändern. Nehmen wir an, beide Verhandlungsparteien beharren auf ihrer Meinung, dann könntest du sagen: »Lassen Sie uns die Sache mal aus Sicht der Endkunden betrachten. Wie denken die darüber?« »Lassen Sie uns das aus Sicht der Zukunft anschauen. Wie würde das in zehn Jahren aussehen?« »Lassen Sie uns das mal aus Sicht Ihrer Mitarbeiter untersuchen. Wie denken die darüber?«

Anstatt überzeugen zu wollen, begibst du dich mit deinem Gegenüber in diesen neu geöffneten Raum und in eine übergeordnete Perspektive. Die Spannung zwischen euch, das Unsichtbare, das »Gewinnenwollen« lösen sich plötzlich auf, weil du imaginär eine dritte Person an den Tisch holst. Mit anderer Sichtweise. Ein Beispiel: Nehmen wir an, ein Vater will seinen kleinen Sohn überzeugen, seine Hausaufgaben zu machen. Der hat aber keine Lust und findet tausend Gründe, es nicht zu tun. Sie werden sich nicht einig. Die Stimmung ist gedrückt. Der Vater versucht es mit einer perspektivischen Frage: »Du hast kürzlich erzählt, dass du Pilot werden willst. Was, glaubst du, würde ein Pilot zu unserem Gespräch sagen?«

Das verändert die Situation augenblicklich. Es stehen nicht mehr die Meinungen zweier Gegenspieler im Raum, sondern die dritte Person übernimmt es, die Blickwinkel auf etwas ganz anderes zu lenken. Eine kraftvolle Möglichkeit, um bei einer kritischen Verhandlung aus einer Sackgasse zu kommen, ohne dass einer das Gesicht verliert. Diese dritte Instanz muss Relevanz haben. Es braucht aber nicht zwingend einen Menschen als neue Perspektive, es können die Zukunft, der Markt, die Umwelt oder andere relevante Faktoren sein wie in folgendem Beispiel, in dem ein Pärchen sich auf ein Menü für das Abendessen einigen möchte. Funktionieren die üblichen Überzeugungsversuche nicht, könnte man die Entscheidung aus der Perspektive der Gesundheit, der Zeit, des Einkaufsaufwands und der Erfahrung betrachten. Mögliche Fragen könnten lauten: Welches Menü ist rascher zubereitet? Oder: Welches Menü ist aus Sicht des Lebensmitteleinkaufs günstiger beziehungsweise schneller?

Diese Technik eignet sich auch hervorragend für größere Gesprächsrunden mit sieben, acht oder mehr Leuten. Dann stellst du eine weitere Person imaginär in die Mitte und fragst in die Runde: »Haben wir alles beachtet? Wollen wir das noch aus Sicht von Frau XY *(deiner imaginären Person)* betrachten?« Weil die Parteien sofort abgelenkt werden und aus der eigenen Meinung treten, verlassen sie das »Ich gegen dich« oder »Wer ist besser, wer schlechter?«. Augenblicklich löst sich die Spannung. Das Gespräch kann auf einem anderen Niveau fortgesetzt werden. Eine kraftvolle Frage und echte Geheimwaffe für Verhandlungen!

Polaritätsfragen

Wir alle kennen die Situation, wenn einfach nichts mehr nützt. Alle nützlichen Fragen wurden scheinbar gestellt und die guten Argumente sind auch aufgebraucht. Bevor du aufgibst, versuche es mit der Polaritätsfrage! Sie bringt neue Dynamik in festgefahrene Situationen und schafft es, scheinbar unvereinbaren Standpunkten die Spannung zu nehmen, indem sie die entgegengesetzten Polaritäten offenlegt und einlädt zu reflektieren. Dadurch schaffst du neue Perspektiven und Lösungsansätze. Es brechen automatisch eingefahrene Denkmuster auf und die Kreativität wird angeregt. Das trägt zu einem tieferen Verständnis der Situation bei. Polarisierende Fragen ebnen auch den Weg für offene und konstruktive Diskussionen, bei der unterschiedliche Meinungen und Interessen nicht niedergemacht, sondern wertschätzend berücksichtigt werden.

Manchmal ist eine Verhandlung einseitig festgefahren, weil eine Verhandlungspartei bildlich mit dem Rücken zur Wand steht. In harten Verhandlungen kommt es vor, dass eine Partei so blockiert ist, dass sie zu den Argumenten der anderen nur noch »Nein. Nein. Nein« sagt und jede Aussage so lange verneint, bis es keine Argumente mehr gibt.

Ein Beispiel: Angenommen, es geht um den Verkauf einer Software. Die Argumente sind dem Vertriebler ausgegangen, er will aber auch nicht aufgeben. Dann könnte seine Prioritätsfrage sein: »Haben Sie sich schon einmal überlegt, was passiert, wenn Sie in Ihrer aktuellen EDV-Situation keine neue Software kaufen?« Es ist fast egal, was der andere sagt, du kannst jede Antwort aufgreifen und für den weiteren Gesprächsverlauf nutzen. Der Kunde sagt: »Ich kaufe sie bei einem anderen Anbieter.« Blöd gelaufen. Dennoch hast du einen neuen Ansatzpunkt: »Verstehe, aber warum erwägen Sie, woanders zu kaufen und nicht bei mir?«

Egal, was die Antwort danach ist, ob du verkaufst oder nicht, du gewinnst auf jeden Fall. Entweder wertvolle Informationen über Mitbewerber und deren Produkte, manchmal auch über den Markt, oder du bekommst den Auftrag doch noch. Es gibt unzählige Möglichkeiten. Du greifst auf, was kommt, und spielst intuitiv deinem Gegenüber etwas zurück. Es entsteht eine Art Pingpong, aus dem jeder etwas mitnehmen kann, selbst wenn es »nur« Informationen sind.

Wenn es keine Einigung gibt, wäre eine starke Polaritätsfrage: »Herr Mayer, Sie haben sich eine Stunde Zeit genommen, um mit mir zu sprechen. Was genau ist es, was Sie aus diesem Gespräch mitnehmen möchten?« Niemand nimmt sich Zeit und geht in ein Gespräch ohne Erwartungshaltung, mehr zu wissen oder mehr zu haben als zuvor. Das muss nicht unbedingt etwas Materielles sein, das können ein Folgetermin oder wertvolle Zusatzinformationen sein oder vielleicht ein näherer Austausch, um die Möglichkeiten einer künftigen Zusammenarbeit besser ausloten zu können. Was immer es ist, mit einer Polaritätsfrage kannst du das herausfinden.

Rhetorische Fragen

Rhetorische Fragen sind ein beeindruckendes Werkzeug und spielen als Stilmittel eine bedeutende Rolle in der Rhetorik. Im Gegensatz zu gewöhnlichen Fragen, bei denen der Fragende eine direkte Antwort erwartet, dienen rhetorische Fragen weniger der Informationsgewinnung, sondern haben das Ziel, das Publikum gezielt zu beeinflussen und bestimmte Emotionen oder Gedanken zu wecken.

Die Semantik der rhetorischen Frage ist eng mit Behauptungen verbunden, denn sie bringt vor allem den Standpunkt der fragenden Person zum Ausdruck. Sie vermittelt implizit eine Antwort oder erwartet Zustimmung oder Ablehnung von den Zuhörenden, anstatt eine tatsächliche Antwort zu suchen. Durch geschickte Formulierung und Betonung wird die rhetorische Frage im Kontext deutlich und erzeugt eine starke emotionale Wirkung. Ein Beispiel: »Wollen wir wirklich, dass dieser Konflikt weiter eskaliert, oder sollten wir nicht besser eine Lösung finden, die für beide Seiten akzeptabel ist?« Du siehst, so eine Frage wird in der Regel nicht gestellt, um eine tatsächliche Antwort zu erhalten, sondern um die Dringlichkeit einer Einigung zu betonen und die andere Partei dazu zu bewegen, Zugeständnisse zu machen. Sie unterstreicht die Notwendigkeit, den Konflikt zu beenden und eine für beide Seiten vorteilhafte Lösung zu finden.

Man kann diese Art von Fragen in vielen Situationen der Verhandlung einsetzen, beispielsweise um die Aufmerksamkeit der Teilnehmenden wieder zu bekommen, wenn sie nach langen Diskussionen abschweifen. Ebenso dienen sie dazu, Diskussionen und Dialoge zu bereichern, indem sie Argumente unterstreichen oder unsachliche Standpunkte hervorheben.

In Verhandlungen können rhetorische Fragen äußerst wirkungsvoll sein. Durch die Betonung verschiedener Punkte oder die Verwendung suggestiver Formulierungen lenken sie die Aufmerksamkeit der Verhandlungsteilnehmenden gezielt auf die Aspekte, die du in den Fokus rücken möchtest. Damit beeinflusst du entweder Zustimmung oder Ablehnung bestimmter Argumente. Rhetorische Fragen können auch dazu dienen, die andere Seite herauszufordern, also zu provozieren, um sie dazu zu bringen, ihre Position zu überdenken oder zu rechtfertigen.

Es ist jedoch von großer Bedeutung, dass diese Fragen nicht aggressiv oder herablassend gestellt werden, sondern auf Augenhöhe das Gespräch bereichern und das Interesse der Verhandlungsparteien wecken.

Ein gut gewähltes Beispiel einer rhetorischen Frage in einer Verhandlung könnte sein: »Wollen wir nicht alle nach innovativen Lösungen suchen, um unseren Kunden die bestmöglichen Produkte anzubieten?« Mit dieser Frage betonst du den Wunsch nach Innovation und signalisierst deinem Gegenüber, dass deine Idee des neuen Produkts die richtige Richtung einschlägt. Insgesamt kann der gekonnte Einsatz dieser mächtigen Frage Aufmerksamkeit lenken und Zustimmung stärken, was folglich zu einer effektiven Kommunikation führen kann. Im privaten Bereich bieten sich uns auch zahlreiche Möglichkeiten, um diese Form der Frage einzusetzen. Stell dir vor, es geht um die Wochenendplanung. Du könntest fragen: »Was möchten wir dieses Wochenende unternehmen?« Doch anders als sonst stoppst du dann nicht, sondern hängst direkt deinen Vorschlag an, und beantwortest deine Frage damit direkt selbst: »Ich dachte, wir könnten bei Schlechtwetter in die Therme fahren.« Oder: »Du hast kürzlich erwähnt, wir könnten mal wieder in den Wildpark gehen.«

Man sollte die rhetorische Frage allerdings nicht zu oft stellen. Denn dann riskiert man, dass das Gegenüber träge wird, da es merkt, dass man die Antwort ohnehin immer selbst gibt und es nicht tiefer darüber nachdenken muss.

Auch unsachliche Argumente können damit unterstrichen und der Fokus wieder auf relevante Themen gelenkt werden. Indem du eine rhetorische Frage geschickt in deine Argumentation integrierst, kannst du die Gedanken der Verhandlungsteilnehmenden gezielt lenken und ihre Bereitschaft erhöhen, deine Sichtweise zu akzeptieren oder zu unterstützen.

Beobachte die Reaktionen der Gesprächsteilnehmenden auf die rhetorischen Fragen genau. So kannst du einschätzen, wie gut sie ihre Wirkung entfalten und ob sie die gewünschte Wirkung hervorrufen. Sollte dies nicht der Fall sein, probiere, sie anders zu stellen, um ihre Wirksamkeit zu erhöhen.

Skalierungsfragen

Die Skalierungsfrage ist perfekt, um die Bewertung oder Einschätzung eines bestimmten Sachverhalts zu ermitteln. Dabei wird eine Skala von beispielsweise 1 bis 10 verwendet, auf der die Person ihre Einschätzung abgeben kann. Diese Methode wird oft schriftlich angewendet, um eine präzise Rückmeldung zu bekommen. Aber auch im Gespräch ist sie wertvoll. Sie eignet sich, wenn wir etwas nicht gut einschätzen können, wenn wir nicht genau wissen, wo wir stehen. Meistens sind es Gefühle des Gegenübers oder Worte, die unterschiedlich verstanden werden können. Wir verwenden die gleichen Wörter, meinen aber etwas Unterschiedliches. Zum Beispiel das Wort »Motivation« bewertet jede Person für sich unterschiedlich. Die Skalierungsfrage wandelt komplexe oder abstrakte Themen in konkrete Zahlen oder Positionen um und schafft damit eine objektive Basis für die weiteren Schritte in der Verhandlung. Es werden Abstufungen, Präferenzen oder Veränderungen deutlich. Durch die Verwendung der Skalierungstechnik bekommst du eine präzise und differenzierte Bewertung und kannst genauer auf die Bedürfnisse und Wünsche deines Gegenübers eingehen.

Am bekanntesten ist die Frage: »Wie schätzen Sie unsere Serviceleistung auf einer Skala von 1 bis 10 ein?« Hier ist die eigene Meinung gefragt. Es geht um den Stellenwert, den du oder dein Gegenüber einer Sache beimisst. Zehn bedeutet »sehr gut«, eins bedeutet »sehr schlecht«. Wenn du mit einer Skalierungsfrage erfahren möchtest, wie wichtig deinem Gegenüber der Sachverhalt im Augenblick ist oder wo er gerade steht, ist es sinnvoll, das mündlich abzufragen. Allerdings nicht auf einer Skala von 1 bis 10, sondern einer kleinen Spanne, mit einer geraden Skalierung. Wenn du fragst: »Wie gut findest du die bisherige Zusammenarbeit mit mir auf einer Skala von 1 bis 5?«, hat der andere eine neutrale Mitte. Besser ist 1 bis 4. Wenn du im Gespräch beispielsweise abfragst: »Wie bewerten Sie die Teamarbeit dieses Projekts auf einer Skala von 1 bis 4?«, kannst du mit der aktuellen Antwort sofort etwas anfangen und den Sachverhalt besser einschätzen. Es gibt zweimal »gut« und zweimal »schlecht«.

Ursprünglich kommen Skalierungsfragen aus dem Gesundheitswesen. Pflegepersonal in der Notaufnahme will den Grad der Schmerzen bewerten können, auch wenn das schwierig ist. Doch sie müssen wissen, wie stark das Medikament dosiert sein muss, um dem Patienten Linderung zu bringen. Um das einschätzen zu können, fragen sie den Grad der Schmerzen auf der Skala 1 bis 10 ab. Wenn jemand mit acht oder neun antwortet, braucht es stärkere Mittel. Die Skalierungsfrage macht subjektiv empfundene Intensitäten und Einschätzungen sichtbar.

Wenn du beispielsweise nicht sicher bist, ob dein Gesprächspartner mit dir zusammenarbeiten möchte, fragst du: »Ich spüre gar nicht, wie nah oder wie weit entfernt eine Zusammenarbeit zwischen uns ist. Wenn Sie das auf einer Skala von 1 bis 4 bewerten würden, wo stehen wir Ihrer Meinung nach heute?« Egal, was das Gegenüber sagt, ich kann darauf reagieren. Sagt er »Drei«, kommentiere ich: »Okay, wie schade! Was können wir tun, damit wir das auf zwei oder gar auf eins bringen?« Skalierungsfragen sind ein kluger taktischer Zug, der dich hinter die Kulissen und in die Gedanken des Gegenübers schauen lässt. Zu skalieren funktioniert immer, wenn etwas nicht Greifbares greifbar gemacht werden soll.

Beispielsweise auch, wenn du mit deinen Leistungen bewertet werden möchtest. Doch interessanterweise stellen Menschen diese Frage ungern. Da spielt eine latente Angst eine Rolle, schlecht bewertet zu werden. Aber zu wissen, was der andere über dich denkt, birgt die Chance, dass du an dir arbeiten und dich verbessern kannst. Stell dir vor, du bist an einem kritischen Punkt. Du spürst, es läuft nicht so gut, wie du es dir vorgestellt hast. Wie überwindest du deine Angst, diese Skalierungsfrage zu stellen und Klarheit zu bekommen? Was, wenn der andere etwas Vernichtendes sagt? Wie stehst du dann da? Frage trotzdem. Die Antwort löst die Situation, die schlechte Stimmung, das Verhärtete auf. Klarheit ist besser als ein Störgefühl. Trau dich! Sagt dein Gegenüber etwas Negatives, entgegnest du ruhig und souverän: »Danke für Ihre Einschätzung. Das ist nicht das, was ich mir erhofft habe. Ich wäre froh, wenn wir uns einen Moment Zeit nehmen und darüber sprechen, was wir tun können, um diese Bewertung zu verbessern.«

Wenn du um eine Einschätzung einer gewissen Situation, der Qualität der Leistung oder Zusammenarbeit fragst, verwende stets die *Wir*-Form, nicht die *Ich*-Form. Warum? In dem Fall bist du nicht der schwarze Peter, sondern die anderen müssen auch mitdenken und zu Lösungsansätzen beitragen. Wenn du fragst: »Was kann ich tun?«, hast du die alleinige Verantwortung. Bei »Wir« nimmst du die anderen mit in dein Boot und profitierst von ihrer Einschätzung. Hab keine Angst vor dieser Frage, auch wenn deine Bewertung davon abhängt. Nutze sie als Tool, um alle nicht fassbaren, kritischen Dinge, Situationen oder Gefühle aus Sicht der anderen einschätzen zu können. Nur dann kannst du etwas zum Besseren wenden und die Verhandlung optimal gestalten, damit alle auf der gleichen Wellenlänge sind. Einleiten könntest du eine Skalierungsfrage mit diesem Satz: »Wir haben kürzlich eine Kundenzufriedenheits-Analyse gemacht und da wurden wir von 1 bis 4 bewertet. Wie wäre es, wenn wir dieses Bewertungssystem jetzt für uns in dieser Verhandlung nutzen?«

Lösungsorientierte Fragen

Die lösungsorientierte Frage ist eine wertvolle Technik, um den Fokus auf zukünftige Handlungsmöglichkeiten zu lenken. Anstatt sich ausschließlich auf Probleme zu konzentrieren, richtet sie den Blick auf positive Ansätze. Die verwendete Grafik mit der vertikalen Achse von Problem zu Lösung und der horizontalen Achse von Vergangenheit zu Zukunft verdeutlicht das visuell. Mit dieser Art zu fragen ermutigst du dein Gegenüber, über konkrete Lösungen und deren Umsetzung nachzudenken. Ziel ist, eine zielgerichtete Denkweise zu entwickeln, die sich auf die Zukunft und mögliche Lösungen konzentriert. Statt sich in der Vergangenheit zu verlieren, kann sie einen Blick in Richtung Lösung herbeiführen. Diese Technik fördert Kreativität und Eigenverantwortung, allein weil sie Raum für neue Ideen und Perspektiven eröffnet. Sie motiviert dein Gegenüber, aktiv die Verantwortung für die Suche nach Lösungen zu übernehmen. Es entsteht eine kooperative und ergebnisorientierte Atmosphäre, die das Denken in Problemen überwindet und stattdessen lösungsorientiert ist.

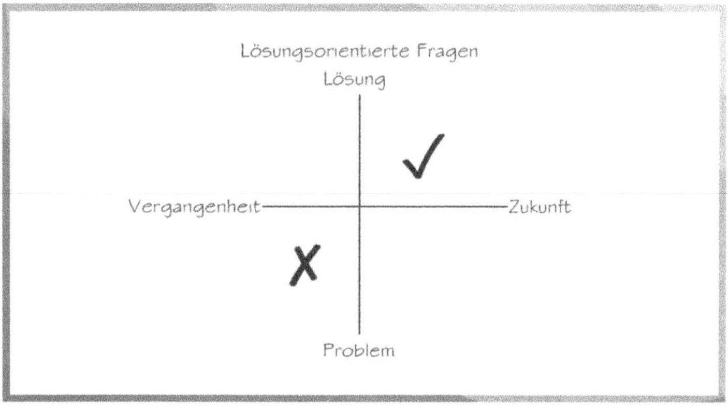

Abb. 1: Lösungsorientierte Frage

Wenn ich dich frage: »Warum kommst du heute zu spät?«, kannst du erklären, dass du im Stau gestanden oder aufgehalten worden bist. Es gibt viele Gründe. Wenn ich dich aber frage: »Was können wir tun, damit wir künftig pünktlich um acht mit dem Meeting beginnen können?«, wirst du keine Einwände oder Entschuldigungen, sondern konkrete Lösungsansätze präsentieren müssen. Das ist ein weitaus positiverer Ansatz, um ein Problem zu lösen.

Lösungsorientierte Fragen verbinden die Zukunft mit der Lösung. Oben links animiere ich mein Gegenüber zum Mitdenken. Das bedeutet, ich kann wieder kreativ aktiv werden und tatsächlich verhandeln, anstatt mich mit im Problem-Bereich zu bewegen. Wenn ich *Warum*-Fragen formuliere, frage ich die Vergangenheit ab. Das ist eben der Problem-Bereich und aufgrund der Fragestellung lasse ich Einwände zu.

Ein Beispiel: Wenn jemand mich anruft und sagt, er möchte ein Seminar, ob ich ihm ein Angebot machen könne, ist meine Antwort in der Regel: »Sie haben sich sicher schon mit den Inhalten auseinandergesetzt. Ich könnte mir auch vorstellen, Sie haben schon ein paar konkrete Ideen im Kopf. Wie wäre es, wenn ich die mit meinen zusammenbringe und

Ihnen dann ein maßgeschneidertes Angebot mache?« Damit erreiche ich zwei Dinge: Ich erfahre erstens genau, was der Kunde will, und zweitens ist mein Angebot genau das, was sich der Kunde vorstellt.

Diese Art von Frage bringt einen bewusst dazu, lösungsorientiert in Richtung Zukunft zu denken. Das ist nicht selbstverständlich. Doch so entstehen mehr Synergien für innovative Lösungen. Ich erlebe allerdings immer wieder, dass sich Menschen vor der lösungsorientierten Frage scheuen, weil sie befürchten, damit in den Augen der anderen als Experte an Kompetenz zu verlieren. Natürlich ist es deine Aufgabe als Anbietender, ein sinnvolles Angebot zusammenzustellen, doch das heißt nicht, dass die anderen nicht mitdenken dürfen. Vielleicht hat die andere Verhandlungspartei etwas im Kopf, an das du gar nicht denkst. Du kannst also nur gewinnen.

Verhaltensfragen

Verhaltensfragen zielen darauf ab, Informationen über das Verhalten und die Handlungen eines Unternehmens oder von Personen in bestimmten Situationen zu bekommen. Nutze sie als Werkzeug, um tiefe Einblicke in die Motivation und Strategien deines Gegenübers zu erhalten. Stelle dir vor, du stehst kurz davor, eine wichtige Preisverhandlung mit einem Lieferanten zu führen. Die Verhaltensfrage: »Wie sind Sie in der Vergangenheit mit Situationen umgegangen, in denen das Budget begrenzt war?« könnte dir aufschlussreiche Einblicke in die Flexibilität und Kreativität des Lieferanten bieten.

Wenn wir wissen möchten, wie fähig jemand ist, ein Projektteam zu führen, dann könnte die Verhaltensfrage beispielsweise lauten: »Können Sie mir ein Beispiel nennen, in dem Sie unter Zeitdruck ein schlagkräftiges Team erfolgreich aufgebaut und geführt haben?«

Diese Fragetechnik wird oft in Vorstellungsgesprächen angewandt. Hier eine kleine Auswahl:

- Ein Kunde beschimpft dich und beschwert sich auf übelste Art und Weise über ein Produkt des Unternehmens. Wie reagierst du?
- Wie bist du in der Vergangenheit vorgegangen, um deine Ziele zu erreichen?
- Wie priorisierst du deine Aufgaben, wenn du unter Zeitdruck stehst?
- Beschreibe eine Situation, in der du mit deiner eigenen Arbeit unzufrieden warst. Was hättest du besser machen können?
- Was hast du getan, um die Prozesse schnell kennenzulernen?

Auch im privaten Bereich geben Fragen dieser Art viel Aufschluss über eine Person und ihr Wesen:

- Wie würdest du dich im Urlaub verhalten, wenn der Rückflug plötzlich gestrichen wird und es im Moment keine alternativen Rückflüge zu diesem Zeitpunkt gibt?
- Wie würdest du reagieren, wenn du Besuch erwartest und bereits fertiggekocht hast und niemand kommt, weil deine Besucher sich ein falsches Datum eingetragen haben?
- Was machst du, wenn dein Auto nicht anspringt und du einen wichtigen Termin hast, welcher sich nicht verschieben lässt?

Was auch immer du darauf sagst, deine Antwort sollte lösungsorientiert und strukturiert sein. Die Verhaltensfragen geben dir nämlich die Gelegenheit zu zeigen, wie du mit schwierigen Situationen umgehst.

Im Idealfall gehst du in einem Dreischritt vor:

1. Schildere die Situation möglichst neutral.
2. Beschreibe, was du aus der Situation gelernt hast.
3. Erkläre, wie du das Gelernte zur Weiterentwicklung nutzen kannst. Was würdest du heute anders machen? Wie kannst du deine Erkenntnisse in der neuen Tätigkeit anwenden?

Verhaltensfragen erlauben es dir, über die bloße Oberfläche hinauszuschauen und die tatsächlichen Fähigkeiten und Einstellungen deines Gegenübers zu verstehen. Dabei sollte die Frage offen formuliert sein, damit dein Gegenüber genügend Raum hat, seine Gedanken und Erfahrungen zu teilen.

Der bewusste Einsatz von Verhaltensfragen erfordert Geschick und Einfühlungsvermögen und bietet gleichzeitig die Möglichkeit, Verhandlungen auf eine neue Ebene zu heben. Indem du die Vergangenheit als Schlüssel zur Vorhersage zukünftiger Verhaltensweisen nutzt, kannst du Strategien entwickeln, die deinen Verhandlungserfolg maximieren. Es ist ein praktischer und machtvoller Ansatz, der dich in die Lage versetzt, Verhandlungen mit Vertrauen, Klarheit und Überzeugung zu führen.

Das wären die wichtigsten Fragetechniken, die in Verhandlungen eingesetzt werden. Ziel der Fragephase ist, Klarheit über Situation und Standpunkt des Gegenübers zu gewinnen. Was will es? Wo steht es? Was ist es bereit, beizusteuern? Indem du gezielt fragst, machst du dir ein klares Bild und bist in der Lage, eine Situation richtig einzuschätzen. Du kannst in der Fragephase mit komplexen Fragen tiefer gehen, Perspektiven verändern und neue Möglichkeiten aufzeigen und sehr viel mehr Informationen abfragen, als es mit einfachen Fragen möglich ist. Verschiedene Fragetechniken zu kennen und anwenden zu können, birgt unglaubliche Vorteile in sich. Je mehr du sie übst und perfektionierst, desto mehr bist du in der Lage, Gespräche fast spielerisch zu führen und in jedem Moment in die Richtung zu lenken, die gute Ergebnisse für beide Parteien bringt. Wenn alle Fragen gestellt und alle Sachverhalte geklärt sind, startest du aus dieser Position heraus in die nächste Gesprächsphase.

KAPITEL 6

MEISTERHAFT ARGUMENTIEREN UND STRATEGISCH VERHANDELN

Die Kunst der Argumentation ist ein vielseitiges Instrument, das uns befähigt, unsere Standpunkte klar und überzeugend zu vertreten. Es geht dabei nicht nur darum, unsere Meinungen zu äußern, sondern auch darum, andere zu überzeugen, mit uns zu denken und zu handeln. Es gibt verschiedene Techniken der Argumentation, die uns helfen können, unsere Aussagen kraftvoll und wirkungsvoll zu gestalten. Im letzten Kapitel hast du erfahren, wie dir Fragen Türen öffnen und wertvolle Informationen von deinen Verhandlungsteilnehmenden bringen können. Nun gilt es, dich mithilfe der vorbereiteten Argumente in Richtung gewünschtes Verhandlungsziel zu bewegen.

Wann setzt du Argumente wie ein? Ein Argument unterstützt deine Position, deine Meinung oder Überzeugung oder verteidigt sie. Es soll andere Personen von der Richtigkeit, Stichhaltigkeit oder Wichtigkeit einer bestimmten Sichtweise überzeugen. Der Prozess besteht normalerweise aus einer Behauptung (*These*) und den Beweisen (*Argumente*) für deren Richtigkeit.

Ein gutes Argument soll logisch, fundiert und überzeugend sein. Es basiert auf leicht nachvollziehbaren Fakten, relevanten Informationen oder logischen Schlussfolgerungen. Es stellt klare Zusammenhänge her, berücksichtigt aber auch rationale Überlegungen und möglicherweise Gegenargumente. Emotionale Elemente können Bestandteil sein, insofern diese nachvollziehbar begründet sind, um das menschliche Verständnis oder Zustimmung zu gewinnen.

In einer Verhandlung wirst du idealerweise starke und überzeugende Argumente vorbringen, um deine Interessen zu vertreten und die andere Partei von deiner Position zu überzeugen.

Argumente sollten immer auf Augenhöhe und mit dem Ziel diskutiert werden, eine gewinnbringende Lösung für beide Parteien zu finden.

Es gibt unterschiedliche Argumentationstechniken, mit denen sich großartige Ergebnisse erzielen und Gespräche sinnvoll steuern lassen. Damit möchte ich dich nun vertraut machen.

Argumente als Fragen formulieren – auf der sicheren Seite

Auch hier spielen Fragen eine Rolle. In der Fragephase geht es darum, mehr Informationen zu bekommen. Bei der Argumentationsphase geht es vor allem darum, unseren Standpunkt zu vertreten. Diese Technik hat den Vorteil, dass wir schneller in der Interaktion sind und niemand »nur« passiv zuhören kann. Lass mich das Prinzip anhand eines Beispiels verdeutlichen, danach begründe ich, warum diese Technik so wirkungsvoll ist. Nehmen wir an, du wirfst in eine Verhandlung das Argument ein: »Unser Unternehmen ist Marktführer.« Wie kommt das bei deinem Gegenüber an?

Es kann Gedanken auslösen wie: »Will sie oder er sich jetzt wichtigmachen?« »Was hat das mit der Sache zu tun?« »Das weiß ich doch schon.« Es kann aber auch sein, dass die andere Verhandlungspartei in Anbetracht des Verhandlungsthemas gar nicht an diesem Fakt interessiert ist und sie in dieser Aussage keine Relevanz sieht. Wenn ich das Argument allerdings in eine Frage umwandle, bekommt es eine andere Wichtigkeit. Die Frage könnte sein: »Wissen Sie, wie wir Marktführer geworden sind?« Das klingt völlig anders und macht eher neugierig. Warum?

Es geht um Sprachmuster. Behauptungen werden grundsätzlich skeptisch hinterfragt. Wenn du jedoch eine Frage adressierst und dein Gegenüber eine Antwort auf deine Frage gibt, bedeutet das: Er erlebt deine Aussage als wahr. Für ihn ist sie wahr, sonst würde er nicht reagieren. Es gibt für dein Gegenüber genau drei Möglichkeiten, auf eine solche Frage zu reagieren. Welche er davon wählt, lässt Rückschlüsse auf ihn selbst zu. Er kann entweder

1. deine Frage hinterfragen,
2. sie mit der Antwort bestätigen oder
3. die Aussage darin ganz oder teilweise anerkennen.

In jeder Reaktion liegt für dich die Chance, das Gespräch in deine gewünschte Richtung zu lenken, denn es ist im Grunde genommen egal, welche Antwort dein Gegenüber gibt. Bestätigt es dich, ist es perfekt. Dann hat dein in der Frage verstecktes Argument ins Schwarze getroffen. Wenn es sagt, dass es das nicht glaubt, öffnet sich für dich eine Chance, es zu erklären. Wenn es unsicher ist, hast du die Möglichkeit, seinen Wissensstand zu ergänzen und deine Kompetenz zu beweisen. Interessant ist, dass Kopf und Herz deines Gegenübers ein Argument in Frageform völlig anders wahrnehmen als eine Behauptung. Es ist leichter, darauf einzugehen. Entscheidend ist, was du mit der Antwort machst. Das kannst du dir schon in deiner Vorbereitung überlegen und gedanklich verschiedene Szenarien durchspielen, wenn du dir deine Argumente zurechtlegst.

Mit dieser Argumentationstechnik bleibt das Gespräch in deiner Hand. Du bist im Dialog. Die Art der Fragen-Argumentation eignet sich grundsätzlich für alle Verhandlungsthemen. Menschen, die etwas zurückhaltender sind und nicht so viel von sich preisgeben, öffnen sich durch Fragen. Fragen lassen Raum und sind eine Kommunikationstechnik, die faire Argumentationen zulässt. Meist entsteht ein Dialog, in dem beide Seiten involviert sind und profitieren können.

Bringst du dein Argument jedoch als Behauptung – »Ich bin Marktführer und mache das und das« –, schließt du dein Gegenüber aus. Ähnlich wie bei der geschlossenen Frage, in der du die möglichen Antworten vorgibst. Der Gesprächsfluss ist unterbrochen oder es geht in eine unerwünschte Gegenreaktion.

Behauptungen laden zu Widerstand ein.

Mit einer Frage bringst du Verhandlungsteilnehmende auf Augenhöhe ins Spiel. Egal aus welcher Grundmotivation heraus, die Schwingung geht in Richtung positiv. Wenn du als Argument bringst: »Ich bin anders als alle anderen Mitbewerber«, wird dein Gegenüber – ähnlich wie beim letzten Beispiel – innerlich auf Abstand gehen und sich denken, du willst dich wichtigmachen. Wenn du aber fragst: »Wissen Sie, was mich in diesem Punkt von anderen Mitbewerbern unterscheidet?«, öffnest du einen Raum von Möglichkeiten, allein weil du aus der plumpen Behauptung »Wir sind besser als die Mitbewerber« eine Frage machst. Du erfährst in den Antworten deines Gegenübers seine persönliche Einschätzung und weißt damit, wo du aus Kundensicht im Marktumfeld stehst.

Du hast vorher erfahren, dass es sinnvoll ist, drei gute Argumente vorzubereiten und diese abrufbar im Kopf zu haben. Ich persönlich überlege mir nie mehr als drei, dafür aber knackige Kernargumente, mit denen ich die Diskussion in Gang setzen und lenken kann. Wenn du das für dich übernimmst, denke bitte daran, dass du dir wirklich im Klaren sein solltest, welches deine Key-Faktoren sind. Das könnte zum Beispiel sein:

1. Du arbeitest anders als andere.
2. Du bist der Marktführer in deinem Segment.
3. Bei dir bekommen Kunden individuelle Leistungen und zuverlässige Betreuung.

Die Bandbreite möglicher Argumente variiert von Business zu Business. Grundsätzliche Dinge wie Unternehmens-Argumente verändern sich seltener. Die Hauptargumente, die das Firmenspezifische betreffen, kannst du für fast jede Verhandlung übernehmen. Zum Beispiel »Marktführer sein« kannst du immer wieder verwenden. »Wir sind anders« auch. Hingegen produktspezifische oder dienstleistungsspezifische Argumente müssen individuell für jede Verhandlung neu abgestimmt und immer auf die aktuelle Situation und auf das Gegenüber angepasst werden.

Wenn du davon ausgehst, dass du sowohl eine Firma als auch dich selbst als Experte auf deinem Gebiet vertrittst, bereitest du die Argumentation auf beiden Ebenen vor. Vielleicht bist du Trainer eines großen Schulungsunternehmens, dann wirst du das Renommee der Firma ebenso darstellen wie die Kompetenz deiner Person. Du könntest zum Beispiel drei Firmenargumente und drei für dich als Experte vorbereiten. Auch in Frageform. Vielleicht brauchst du nicht alle, doch wenn du sie in der Tasche hast, gehst du sicher ins Gespräch. Das ist so, als würdest du mit einem Rucksack voller Essen und Trinken auf eine Bergtour gehen, aber nur einen Teil davon verzehren.

Pacing – eine gewagte Methode für Profis

Pacing ist eine Methode aus dem Neuro-Linguistischen Programmieren, mit der du mit deinem Gegenüber einen Rapport, also eine Beziehung, herstellst. Mit Pacing verringern wir die Differenz zwischen dem, was gesagt wird, und dem, was gehört wird.

Gesagt heißt nicht gehört.

Pacing hilft, eine menschliche Verbindung aufzubauen, Vertrauen zu schaffen und potenzielle Gemeinsamkeiten oder Schwachstellen zu identifizieren. Es baut sich eine bessere Kommunikation und mehr Verständnis auf, bevor jeder seine eigenen Argumente präsentiert und nach Möglichkeiten sucht, die Standpunkte in Einklang zu bringen. Pacing bedeutet jedoch nicht, seine eigene Position aufzugeben, sondern dient als Strategie, um eine kooperative und produktive Verhandlungsumgebung zu schaffen. Pacing in der Argumentationsphase zu verwenden, ist eine kraftvolle Technik, die du allerdings gut beherrschen solltest, denn du stellst dich auf die Standpunkte und Argumente der Gegenseite ein, erkennst sie an und respektiert sie, ohne dabei die eigene Position aufzugeben. Es beinhaltet das Wiederholen oder Zusammenfassen der Aussagen der Gegenseite, um zu zeigen, dass man sie versteht und bereit ist, ihre Perspektive zu berücksichtigen.

Häufig wird das Herstellen von *Rapport* als »Abholen einer anderen Person aus ihrer Welt« bezeichnet. Rapport ist die Basis jeder guten und effektiven Kommunikation. Wie funktioniert das? Wie nimmst du bewusst Rapport mit deinen Verhandlungsteilnehmenden auf? Wie entwickelt sich daraus eine Beziehung? Dazu fällt mir das bereits zitierte Sprichwort ein: »Viele Menschen hören zu, um eine Antwort zu geben. Nur wenige hören zu, um zu verstehen.« Das ist einer der wichtigsten Schlüssel, mit dem diese Argumentationstechnik arbeitet. Lass mich ein Beispiel nennen: Wenn dein Gegenüber ein Argument anbringt und du wie aus der Pistole geschossen antwortest, wird sich das Gespräch voraussichtlich zu einem Schlagabtausch entwickeln. Im Pingpong tauscht ihr eure Argumente aus. Hin und her. Höher, schneller, weiter. Das gilt es zu vermeiden. Besser wäre es, durch ehrliches Interesse, aktives Zuhören und guten Blickkontakt zu signalisieren, dass du dich für dein Gegenüber und seine Belange wirklich interessierst, ihn wichtig nimmst. Wenn du dir nach jedem Argument deines Gegenübers Zeit nimmst, um dir deine Antwort zu überlegen, kannst du der Intension nachkommen, ein Gespräch unter dem oben beschriebenen Verhalten zu führen. Das bedeutet, eine kleine Pause vor dem nächsten Argument oder deiner Entgegnung zu machen. Pausen können wohltuend sein oder wie Leerräume empfunden werden. Es kommt aufs Timing an. Um diesen Augenblick des Denkens zu überbrücken und gleichzeitig dem anderen deine Wertschätzung zu zeigen, kannst du seine letzte Aussage mit deinen Worten zusammenfassend wiederholen. Das nimmt selbst bei schwierigen Gesprächen Druck raus.

Außerdem hast du die Möglichkeit, Körperhaltung und Bewegungen des anderen zu spiegeln, um eine Verbindung zu signalisieren. Das passiert manchmal automatisch, wenn wir uns auf unser Gegenüber einlassen und ihm unsere volle Aufmerksamkeit geben. Hintergrund ist, dass Menschen bei der Wahrnehmung von etwas Ähnlichem oder gar Gleichem, also der Körperhaltung, unbewusst spontanes Vertrauen entwickeln. Ähnliche Bewegungen, Ausdrücke oder Haltungen vermitteln den Eindruck: »Die andere Person denkt wie ich, teilt meine Interessen oder hat eine ähnliche Weltanschauung.« Auf diese Weise entsteht ein Gefühl der Sicherheit und Zuneigung.

In der Verhandlung sieht das so aus, dass du zunächst verbal wiederholst, was der andere gesagt hat. Du nimmst eine gleiche Sitz- oder Handhaltung ein, machst ähnliche Bewegungen. Das hat drei Vorteile: Du brauchst weniger Argumente, hast mehr Zeit zu überlegen, welche Qualität du in deine Wortwahl legen möchtest, und du vermittelst das Gefühl, dass du gut im Zuhören bist. Dann erst kommt dein nächstes Argument, das dein Gegenüber mit einem wachsenden Gefühl von Vertrauen intensiver aufnehmen wird. Damit deine Technik nicht auffliegt, ist es wichtig, dass du Gesagtes mit für dich authentischen Worten wiederholst. Das zeigt deinem Gegenüber, dass du weißt, was es meint, und für dich beziehungsweise dein Hirn schaffst du zusätzliche Überlegungszeit.

In meinen Seminaren mache ich dazu manchmal eine Übung mit verblüffenden Ergebnissen: Ich lasse die Teilnehmenden Zweier-Paare bilden und stelle ihnen die Aufgabe, je drei Argumente zu suchen. Der eine will zum Beispiel, dass alle so oft wie möglich physisch anwesend sind in der Firma, der andere jedoch möglichst viele Homeoffice-Tage. Sie setzen sich zusammen und argumentieren. Die Vorgabe ist, dies in der Pacing-Argumentationstechnik zu tun, also immer die Aussage des anderen zuerst in eigenen Worten zu wiederholen. Dann erst das nächste Argument zu bringen. Auch wenn es nicht Teil der Aufgabe ist, beobachte ich jedes Mal, wie beide langsam die Körperhaltung des anderen annehmen. Es ist, als würden die beiden Tango tanzen und synchron performen.

Das ist spannend zu beobachten, darum habe ich angefangen, es zu filmen, um den Teilnehmenden das Video im Anschluss zu zeigen. Ich kann vorher schon sagen, welches Paar die Argumentationsaufgabe am besten gemeistert hat: Das Paar, das am harmonischsten die Körperhaltung des anderen gespiegelt und einen perfekten Rapport aufgebaut hat. Das bedeutet, Pacing ist nicht nur ein Spiegeln der Worte, sondern auch ein Spiegeln der Körperhaltung, der Lautstärke und der Präsenz. Je harmonischer das ist, desto wohler fühlen sich die Personen, die am Gespräch teilnehmen, und desto schneller kommen sie zu einem Ergebnis oder akzeptablen Kompromiss.

Als man untersuchte, in welcher Gesprächsatmosphäre sich Menschen am wohlsten fühlen, hat man herausgefunden, dass dies unter der Herstellung von natürlicher Annäherung an sein Gegenüber am besten funktioniert. Im Alltag lässt sich das oft beobachten: Beim romantischen Dinner beispielsweise sitzen verliebte Paare oft synchron da. Wenn sich Menschen nichts mehr zu sagen haben, fällt diese Harmonie meist weg. Diese Erkenntnisse lassen sich hervorragend ins Business übertragen. Hast du mal beobachtet, wie Menschen in einem Bewerbungsgespräch dasitzen? Da kannst du genau ablesen, wie wohl sie sich fühlen. Manchmal besteht das Pacing nur aus Kleinigkeiten, die aber wichtig sind. Wenn dir jemand gegenübersitzt, der sehr laut spricht, dann sprich doch auch ein bisschen lauter. Wenn du mit jemandem redest, dessen Stimme sehr leise ist, kannst du dich auch ein bisschen zurücknehmen und beobachten, wie er sich entspannt.

Nehmen wir ein Beispiel zum Thema Urlaub: Ein Pärchen plant den gemeinsamen Urlaub, beide haben unterschiedliche Positionen: Der eine will ans Meer, der andere in die Berge. Wie könnte der Dialog aussehen? Jeder bringt seine drei Argumente an und fasst vorher das letzte Argument des anderen zusammen. »Ich möchte in die Berge, weil da mehr Ruhe ist und nicht so viele Menschen sind.« »Es mag sein, dass es in den Bergen nicht so voll ist und da mehr Ruhe ist. Ich möchte ans Meer wegen der Beach-Bar.« »Ich verstehe. Du möchtest ans Meer, weil es da Beach-Life und Strandpartys gibt. Ich möchte gerne in die Berge, weil für mich das Naturerlebnis überwältigend schön ist.« »Ja, ich verstehe, dass für dich das Naturerlebnis in den Bergen überwältigend ist. Ich möchte ans Meer wegen des Wellenreitens.« »Okay, das verstehe ich gut. Du möchtest gerne aktiv auf deinem Board Wellen reiten. Ich möchte ehrlich gesagt auch deshalb in die Berge, weil es nicht so weit zu fahren ist.« »Ja, das stimmt. Es ist tatsächlich der kürzere Weg. Ich würde gerne mal wieder meine Tauchausrüstung brauchen.«

Die Argumentation geht hin und her. Wertschätzend und die Wünsche des anderen anerkennend. In diesem Fall ist das Ziel, einen Kompromiss zu finden, vielleicht eine Woche hier, eine Woche da. Beide spüren, wie wichtig dies dem anderen ist. Dir ist sicher aufgefallen, dass es einmal zu einer Bestätigung kam: »Ja, das stimmt.« Das sagst du nur dann, wenn etwas unumstößlich ist, eine Tatsache, die tatsächlich der Realität entspricht. Halte dich sonst lieber daran, Verständnis auszudrücken. So entsteht kein Streit, denn beide suchen zuerst das gegenseitige Verständnis und dann eine Lösung, mit der beide leben können. Passiert das nicht, ist einer der beiden unzufrieden und fühlt sich benachteiligt.

Ein weiterer Aspekt dieser Argumentationstechnik ist folgender: Die Gesprächsteilnehmenden sind die ganze Zeit auf das Gegenüber konzentriert und nicht auf sich selbst. Der Kampfmodus ist ausgeschaltet. Präsenz und Aufmerksamkeit für das Gegenüber sind hoch. Das schafft unterbewusst die Bereitschaft, gemeinsam einen Weg zu finden, einen, der für beide stimmt.

Durch das Wiederholen entsteht ein sehr positives Gefühl. Aktiv zuzuhören und die Argumente zu wiederholen, heißt nicht, dass du dem anderen Recht gibst oder ihm nachplapperst. Sondern du signalisierst nur, dass du gut zuhören kannst, empathisch und interessiert bist. Integrierst du diese Technik in dein Verhalten, wirst du mit Sicherheit zu einem Profi, was Gesprächsführung betrifft. Dabei bleibst du authentisch, denn du veränderst dich nicht. Du nutzt nur diese Technik und vermeidest durch dein Wiederholen, dass Missverständnisse entstehen.

Es gibt Personen, die mit dieser Technik sehr vertraut sind. Denen stelle ich die Variante für Fortgeschrittene vor: Wiederhole das gebrachte Argument nicht laut, sondern nur in Gedanken. Ohne es auszusprechen. Dabei entsteht eine freundliche Pause, in der du dich gedanklich mit deinem Gegenüber befasst. Auch wenn du nichts sagst, sendest du Botschaften, und du hinterlässt den Eindruck, als würdest du nachdenken. Sein Zugehörigkeitsgefühl und deine Aufmerksamkeit sind auf dem höchsten Punkt. Du kannst sogar damit spielen: mal Argumente laut wiederholen, mal nur denken. Das kann eine andere, sehr spannende Dynamik ins Gespräch bringen.

Du siehst, Pacing ist eine großartige Technik, die sich überall einsetzen lässt, zu Hause, im Business, sogar in Krisengesprächen.

Wichtig: Achte beim Spiegeln darauf, dass es natürlich und ungezwungen ist. Betone Ähnlichkeiten, jedoch übertreibe es nicht mit offensichtlicher Imitation. Dann wird dein Gegenüber das Spiegeln nicht bewusst bemerken. Wenn du das Pacing gut anwendest, wird es dir nach einer gewissen Zeit folgen und damit ist der Lead bei dir.

E. V. A. – der harmonische Weg

Die *E. V. A-Methode* ist ebenfalls eine wunderbare Argumentationstechnik, um Einwände der Gegenseite in Verhandlungen oder Diskussionen zu behandeln.

- Das »E« steht für Einwand.
- Das »V« für Verständnis oder Verstehen.
- Das »A« für Argument oder Antwort.

Diese Methode ist ähnlich wie Pacing und kann als separate Methode oder als Untergruppe des Pacings betrachtet werden. Der Unterschied liegt beim »V«, also beim Verständnis oder Verstehen. Dies kann nicht nur durch das Wiederholen mit eigenen Worten erreicht werden, sondern indem du die Gegenmeinung verständnisvoll stehen lässt. Ein Negativbeispiel wäre, wenn jemand sagt: »Das finde ich nicht schön«, und du antwortest: »Das stimmt nicht, ich finde dies schön.«

Besser wäre es, wenn du zuerst Verständnis oder Verstehen anwendest. Zum Beispiel wenn du deine Antwort wie folgt beginnst: »Zum Glück gibt es verschiedene Betrachtungsweisen«, und erst dann dein Argument ergänzt: »Mir gefällt dies, weil …« So lässt du die Meinung von deinem Gegenüber stehen. Platziere deine Meinung hier sogar noch mit einer kurzen Begründung. Dein Argument hat so viel mehr Kraft und wird vom Gegenüber besser angenommen und verstanden.

Bei dieser Methode geht es darum zu verstehen.

Denn: Gehört heißt nicht verstanden.

Als Profi jedoch eignet man sich für Verhandlungen auch die Komponente Verständnis/Verstehen an. Warum ist dies wichtig? Dies verhindert, dass ein Gespräch zu einem Kampf wird. Wenn Gewinnen oder Kämpfen zu stark im Vordergrund steht, kann das Pendel auf die andere Seite ausschlagen und wir entfernen uns zu stark vom Ziel, eine gemeinsame, zufriedenstellende Lösung zu finden.

Verstehen heißt nicht, einverstanden zu sein.

Zustimmen bedeutet auch, nicht verhandelbare Dinge anzuerkennen. Der Weg zu einer Einigung ist mit dieser Technik kürzer und schmerzloser. Du signalisierst: Ich bin nicht gegen dich. Ich möchte einfach etwas anderes. Wir sind uns in der Sache nicht einig, aber als Menschen sehen wir uns auf Augenhöhe. Das spiegelt die Grundeinstellung wider: »Du bist okay. Ich bin okay.«

Spannend ist, dass keiner der Wiederholungssätze ein »Ja, aber« enthält, besser gesagt: enthalten darf. Ein Beispiel: »Ja, das verstehe ich, aber ich würde gerne das und das.« Das ist ein No-Go. Nach dem Verstehen kommt der Punkt: »Ja, das verstehe ich. Ich würde gerne das und das machen.« Das ist ein neuer, eigenständiger, wertvoller Satz. Eine kraftvolle Aussage. Ein »Aber« schmälert grundsätzlich die Aussage des anderen. In meinen Seminaren übe ich das und achte sehr darauf, dass überhaupt kein »Aber« verwendet wird. Meist eine sehr lustige Übung, die ich sehr empfehle, denn »Aber« hat sich massiv in den alltäglichen Sprachgebrauch eingeschlichen. Meist wird das Wort unbewusst benutzt. Bei so einer Übung wird das schnell sichtbar und die Achtsamkeit für die eigene Wortwahl wächst.

Es kann auch sehr erheiternd sein, so etwas einen halben Sonntag lang zu Hause mit deiner oder deinem Liebsten zu üben. Ein komplettes *Aber*-Verbot. Unglaublich, wie oft es einem über die Lippen kommt. Um sich fürs Argumentieren und auf Verhandlungen vorzubereiten, ist so eine Übung sinnvoll. In einem geschriebenen Text ist es einfach, schnell alle »Aber« herauszustreichen, beim Reden geht das nicht. Die eigene Sprache gelegentlich unter die Lupe zu nehmen, ist übrigens großartig. In der Argumentationsphase lässt sich das »Aber« durch ein »Und« oder im Notfall durch ein »Jedoch« ersetzen. Probiere es aus. Teste deine eigene *Aber*-Frequenz.

Neben den Argumentationstechniken, die ich dir bereits vorgestellt habe, gibt es noch weitere, die ich persönlich sehr gerne benutze …

Die Salami-Taktik – Kontrolle behalten

Diese Strategie ist sowohl hervorragend als auch umstritten, weil sie einige Dirty-Trick-Komponenten in sich trägt. Der Begriff »Salami-Taktik« nimmt metaphorisch Bezug auf das Zuschneiden eines großen Stücks Salamiwurst in dünne Scheiben und wird unterschiedlich verwendet. In Verhandlungen wird dies zum Beispiel benutzt, um etwas in einzelne Schritte zu unterteilen und vielleicht nicht alles auf einmal zu präsentieren, sondern nur in Scheibchen. Eine mögliche positive Absicht ist, die Menschen nicht zu überfordern, eine mögliche negative Absicht ist, dass dadurch das Resultat oder die Wirkung am Schluss bewusst etwas diffus bleibt. Ein Beispiel wäre, die Aufteilung der Beschaffung von Material in mehrere Vorgänge aufzuteilen, damit man im kleineren Bereich bleibt und nicht öffentlich ausschreiben muss. Wenn du vorneweg nur kleine Schritte kommunizierst, dir aber bewusst ist, dass es später noch größere Themen geben könnte, kann das manchmal hilfreich, manchmal auch kontraproduktiv sein. Entscheide das am besten mit deinem Gewissen, ob du so ein Vorgehen mit dir, den Beteiligten und dem Projekt vereinbaren kannst oder nicht. Es hat positive wie bedenkenswerte Aspekte. Manchmal stellt sich die Frage: Wann macht es Sinn, seinem Gegenüber Informationen vorzuenthalten? Nehmen wir ein Beispiel aus der Medizin: Es soll ein medizinischer Eingriff vorgenommen werden. Das stresst schon im Vorfeld, weil klar ist, dass es da einige Risiken gibt. Die Ärzte wissen, dass die Wahrscheinlichkeit für Komplikationen hoch ist. Sollen sie es vorher schon sagen oder nicht? Kann die Patientin das verkraften oder nicht? Die eine Person möchte angstfrei in die OP gehen, die andere über alles aufgeklärt sein. Vielleicht fühlt sie sich sogar nicht respektiert, wenn wichtige Informationen vorenthalten werden. Das zeigt, dass die Salami-Taktik genau überlegt sein will. Auch moralisch. Manchmal kannst du dich nur spontan, situativ und empathisch dafür oder dagegen entscheiden. Meist erst dann, wenn du selbst die Relevanz, die das Thema hat, genau abschätzen kannst.

Die Salami-Taktik ist meiner Meinung nach eine Strategie, die sich hervorragend für große Change-Prozesse in Unternehmen eignet. Wenn die Verantwortlichen das große Ganze sehen, wissen sie oft nicht, wie sie das in Richtung Belegschaft kommunizieren sollen. Der Riesenberg ist viel zu groß und würde viele schlichtweg überfordern. Das ganze Projekt schon im Vorfeld zu vermitteln, ist meist nicht möglich. Es jedoch in einzelne Abschnitte zu teilen und die auf einen längeren Zeitraum zu verteilen, macht Sinn. Dann wird der Change überschaubar und kann in verdaulichen Häppchen in Richtung Angestellte kommuniziert werden. Die einzelnen Etappen kannst du mit der Salami-Taktik nacheinander gut verkaufen, plus das angestrebte Ergebnis. Die große Vision oder das Ziel. Die ganze Salami auf einmal zu verdauen, ist für Mitarbeiter und selbst Beteiligte nicht möglich, weil man gar nicht weiß, wie sich die Schritte in der Praxis tatsächlich umsetzen lassen oder angenommen werden. Die einzelnen Etappen wollen aufgrund mangelnder Erfahrung oder aufgrund vieler ungewisser Faktoren schrittweise bewältigt werden. Die Vision jedoch begleitet alle über den ganzen Zeitraum hinweg und ist das Licht am Horizont.

Interesse/Standpunkt-Diskrepanz – alternative Wege finden

Nun zu einer Argumentationstechnik, die sich hervorragend für kritische Gespräche eignet. Wenn Standpunkt und Interesse nicht kongruent sind, hilft uns diese Methode dabei, diese Differenz für uns als Vorsprung beziehungsweise Trumpf nutzen zu können. Ein Beispiel: Ein Mitarbeiter geht zu seiner Vorgesetzten und möchte mehr Gehalt. Was denkt die Chefin darüber? Ihr Standpunkt ist, dass sie kein Budget für Lohnerhöhungen hat. Wenn Interesse und Standpunkte nicht übereinstimmen, entsteht die Möglichkeit, mit dieser Technik einzusteigen. Wie könnte das in einem Lohn-Gespräch konkret aussehen? Die Chefin nimmt den Wunsch nach mehr Gehalt von ihrem Mitarbeiter entgegen und sagt: »Ich schätze Sie sehr und weiß, dass Sie gute Arbeit leisten. Darum würde ich Ihnen gerne mehr Lohn geben. Ich habe aber die Vorgabe von oben, dass im nächsten halben Jahr keinerlei Lohnerhöhungen gegeben werden. An niemanden.« Wenn der Mitarbeiter spürt, dass Interesse und Standpunkt auseinanderklaffen, er aber nichts dagegen tun kann, könnte er sagen: »Das verstehe ich. Können wir so verbleiben, dass in dem Moment, wenn Sie von oben Budget freibekommen, ich der erste bin, der es erfährt und berücksichtigt wird?« Das könnte konkret vereinbart werden: »Ist es für Sie in Ordnung, wenn ich alle sechs Monate mit Ihnen auf dieses Thema zurückkomme?« Dann hat er zwar in dem Moment nicht das Ergebnis erreicht, das er wollte, doch der Weg dorthin ist geebnet.

Ich hatte zuvor vermerkt, dass unveränderbare Fakten nicht verhandelbar sind. Anders ist es, wenn du spürst, dass ein Argument nur ein vorgeschobener Grund deiner Geschäftsführung ist, um dich loszuwerden. Sie hat sehr wohl Budget. Du spürst, wenn Personen nicht hinter dem stehen, was sie sagen. In diesem Fall kannst du mit deinen vorbereiteten und schlagkräftigen Argumenten überraschen. Da liegt Verhandlungspotenzial. Wenn du selbst verhandelst, sprich nur über Dinge, hinter denen du stehen kannst. Dann strahlst du mehr innere Stärke und Authentizität aus und dein Standpunkt ist klar. Dein Gegenüber spürt das.

Nachdem wir uns nun mit den wichtigsten Verhandlungsargumentationen vertraut gemacht haben, ist es an der Zeit, den Blick auf weiterführende Techniken zu richten, die Verhandlungen zusätzlich unterstützen können. Neben den grundlegenden Argumentationsstrategien, die auf Logik, Ethik und Emotionen basieren, gibt es noch eine Vielzahl anderer Werkzeuge, die dabei helfen, Verhandlungsziele zu erreichen.

Fakten-Argumentation – rationale Hebelwirkung mit 3 Bs

Bei faktenbasierter Argumentation spielt die Logik eine entscheidende Rolle. Es geht darum, Argumente so zu formulieren und zu präsentieren, dass sie eine klare, nachvollziehbare Beweisführung bilden. Durch die Verwendung von Statistiken und logischen Schlussfolgerungen gewinnt ein Argument an Glaubwürdigkeit und Überzeugungskraft.

Ein Beispiel zur Anwendung: Angenommen, du wirst mit der Bemerkung »Ich habe von Ihrem Mitbewerber gehört, dass er trotz der aktuellen Herausforderungen in der Lieferkette pünktlich liefert. Warum sind Ihre Lieferzeiten so viel länger?« konfrontiert.

Als Profi könntest du geschickt argumentieren: »Es stimmt, dass die gesamte Branche mit Lieferverzögerungen zu kämpfen hat *(Behauptung)*. Ich gebe stets realistische Liefertermine an, um die Erwartungen nicht zu enttäuschen. Ich bin transparent und zuverlässig *(Begründung)*. Rückmeldungen unserer Kunden bestätigen, dass sie meine Ehrlichkeit und Klarheit in dieser herausfordernden Zeit schätzen *(Beispiel/Beweis)*.«

In diesem Fall wird die Argumentation durch die präzise Begründung und das Beispiel gestärkt.

Ein Beispiel aus dem privaten Bereich: Du wirst mit der Aussage »Lernen sollte papierlos und online von zu Hause stattfinden« konfrontiert. Doch du hast eine andere Meinung dazu. In diesem Fall könntest du deine Argumentation wie folgt aufbauen: »Lernen sollte möglichst vielseitig stattfinden *(Behauptung)*. Denn mit Papier kann die Kreativität besser angeregt werden und der Umgang mit anderen Kindern erhöht die Sozialkompetenz *(Begründung)*. Zahlreiche Studien belegen, dass das Kreativitätspotenzial ohne digitale Hilfsmittel hoch ist und der persönliche Umgang mit anderen Kindern das spätere Gesellschaftsbewusstsein stärkt *(Beispiel/Beweis)*.«

In der *faktenbasierten Argumentation mit 3 Bs* geht es zudem darum, einen klaren Zusammenhang zwischen Ursache und Wirkung herzustellen und somit eine Basis für Überzeugung zu schaffen. Medium dafür sind eben die genannten Fakten und Daten, die die Aufgabe übernehmen, die Glaubwürdigkeit der Aussagen zu erhöhen. Probiere diese Art zu argumentieren gerne selbst aus!

Moralisch-ethische Argumentation – langfristig und reinen Gewissens ans Ziel

Bei der *moralisch-ethischen Argumentation* in Verhandlungen greifst du bewusst auf Verhaltensmodelle zurück, die auf gemeinsamen moralischen und ethischen Werten basieren. Indem du dich auf diese Prinzipien stützt, gewinnst du das Vertrauen und die Sympathie deines Gegenübers und schaffst eine positive Gesprächsatmosphäre.

Ein Beispiel: »Mir ist bewusst, dass der von Ihnen angebotene Preis äußerst attraktiv ist, aber ich muss die Art und Weise, wie der Preis zustande kommt, hinterfragen. In unserer Firma legen wir großen Wert auf ethische Produktionsbedingungen und soziale Verantwortung. Können Sie mir versichern, dass die Arbeitsbedingungen in Ihrer Produktionsstätte diesen Standards entsprechen? Wenn nicht, wären wir bereit, einen höheren Preis zu akzeptieren, um sicherzustellen, dass die Werte, die uns wichtig sind, nicht kompromittiert werden.«

Ein effektiver Ansatz besteht darin, gemeinsame Werte zu betonen und zu zeigen, dass Ziele und Interessen auf denselben Grundwerten beruhen. Dies stärkt die Verbindung und schafft eine Basis für kooperative Lösungen. Zusätzlich kannst du das Gemeinwohl in den Fokus rücken und aufzeigen, wie die vorgeschlagenen Lösungen nicht nur für dein Unternehmen, sondern auch für die Gesellschaft als Ganzes von Nutzen sein können.

Ebenso wirksam ist es, inspirierende Beispiele einzubringen und Geschichten von Unternehmen oder Persönlichkeiten zu erzählen, die moralisch-ethische Prinzipien erfolgreich in die Praxis umgesetzt haben. Zeige auf, wie sie durch ihr Handeln einen positiven Wandel bewirkt haben und welches Potenzial auch in euren gemeinsamen Entscheidungen steckt.

Denke daran, langfristige Partnerschaften in den Vordergrund zu stellen und die Bedeutung von Vertrauen, Integrität und ethischem Handeln hervorzuheben. Indem du betonst, dass du daran interessiert bist, eine verlässliche und respektvolle Zusammenarbeit aufzubauen, förderst du das langfristige Engagement deiner Verhandlungspartner.

Definitionstaktik und Zitiertechnik – am selben Nenner

Die *Definitionstaktik* ist eine effektive Methode, mit der du in Verhandlungen Missverständnisse vermeidest und Sachverhalte klären kannst. Indem du die andere Partei bittest, bestimmte Dinge zu definieren, gewinnst du ein besseres Verständnis für ihre Perspektive und stellst gleichzeitig sicher, dass ihr auf derselben Ebene kommuniziert. Das klingt etwas abstrakt, hier ein Beispiel: Angenommen, du verhandelst über die Lieferung von speziellen Maschinenteilen und dein Gegenüber möchte die Qualität der Teile herunterspielen, um einen niedrigeren Preis zu verhandeln. Du könntest die Definitionstaktik nutzen, indem du klarstellst: »Bevor wir über den Preis sprechen, lassen Sie uns zunächst klären, was wir unter ›Qualität‹ verstehen. In unserer Branche bedeutet ›Qualität‹ die Einhaltung spezifischer Toleranzen, die Verwendung von zertifizierten Materialien und die Erfüllung bestimmter Leistungsstandards. Können wir uns darauf einigen, dass dies die Kriterien sind, nach denen wir diesen Vertrag bewerten?« Indem du die Bedingungen genau definierst, schränkst du die Möglichkeiten, unklare oder irreführende Begriffe zu verwenden, ein und stellst sicher, dass ihr beide auf der gleichen Grundlage arbeitet.

Darüber hinaus kannst du auch selbst die Definition eines Begriffs übernehmen und diesen entsprechend deinen eigenen Vorstellungen interpretieren. So kannst du deine Argumente und Ziele klarer machen und Missverständnisse vermeiden. Du könntest zum Beispiel sagen: »Für uns bedeutet ›Nachhaltigkeit‹ nicht nur, umweltfreundliche Materialien zu verwenden, sondern auch ethisch verantwortungsbewusst zu handeln und soziale Aspekte zu berücksichtigen.«

Die Definitionstaktik trägt in Verhandlungen dazu bei, eine klare und einheitliche Sprache zu benutzen, die für beide Seiten verständlich ist. Dies reduziert die Gefahr von Misskommunikation und erleichtert das Erarbeiten von gemeinsamen Lösungen. Die *Zitiertechnik* dagegen ist eine Argumentationsmethode, bei der auf die Meinungen, Forschungsergebnisse oder Erklärungen anerkannter Profis oder Autoritäten in einem bestimmten Bereich Bezug genommen wird, um ein Argument zu stärken oder zu unterstützen. Diese Technik ist in Verhandlungen sinnvoll, weil sie Glaubwürdigkeit verleiht, Argumente fundierter und überzeugender macht, Emotionen reduziert und durch fundierte Quellenangaben Vertrauen fördert. In einem Gespräch, in dem es um einen Arbeitsvertrag geht, kann es beispielsweise zur Meinungsverschiedenheit über das Gehalt kommen. Hier könnte die Autoritäts-Zitiertechnik zum Einsatz kommen: »Ich verstehe, dass dieses Gehaltsangebot auf Ihren bisherigen Erfahrungen basiert, aber laut dem jüngsten Bericht der branchenführenden Organisation XY entspricht das durchschnittliche Gehalt für diese Position in unserer Region einer höheren Summe. Diese Organisation ist für ihre gründlichen und akkuraten Analysen bekannt, und ihre Daten werden von vielen Unternehmen in unserer Branche als Leitfaden verwendet.« In diesem Fall stützt du deine Position durch den Verweis auf eine anerkannte und respektierte Quelle, die deinem Argument Gewicht verleiht. Es zeigt, dass deine Anfrage oder dein Vorschlag nicht einfach eine persönliche Meinung ist, sondern auf soliden, von Profis validierten Informationen basiert.

Bandwagen-Technik – die Trend-Illusion

Die *Bandwagen-Technik* ist eine rhetorische Strategie, die darauf abzielt, die eigene Ansicht als diejenige der Mehrheit darzustellen. Dabei wird dein Gegenüber ermutigt, sich der vermeintlichen Mehrheitsmeinung anzuschließen.

Der Begriff »Bandwagen« stammt ursprünglich von den Musikwagen, die zum Beispiel bei Paraden, Straßenfesten, Sportevents oder bei kulturellen Anlässen fahren oder stehen und eine Anziehungskraft auf Menschenmassen ausüben. Ein interessantes Phänomen ist, dass die Wagen, die bereits gut besucht sind, stets noch mehr Leute anziehen.

In Verhandlungen kann die Technik subtil eingesetzt werden, um eine positive Atmosphäre zu schaffen und dein Gegenüber dazu zu ermutigen, deiner Ansicht zuzustimmen. Ein Beispiel: »Wie Sie sicherlich schon gehört haben, entscheiden sich immer mehr Unternehmen für unsere innovative Lösung, da sie nachweislich zu signifikanten Kosteneinsparungen führt.« Der Sinn hinter dieser Methode liegt darin, eine Art sozialen Druck aufzubauen, indem impliziert wird, dass viele andere bereits derselben Meinung sind. Menschen neigen dazu, sich der Mehrheitsmeinung anzuschließen, um sich akzeptiert und integriert zu fühlen. Indem du die Illusion einer breiten Zustimmung erzeugst, kannst du das Vertrauen in deine Position stärken und dein Gegenüber dazu ermutigen, dem »Trend« zu folgen.

Es ist eine Methode, die etwas in Richtung Dirty Trick geht, also liegt es in deiner Verantwortung, sie richtig einzusetzen und keine falschen Behauptungen aufzustellen. Übertreibungen oder unehrliche Aussagen können das Vertrauen beschädigen und zu einem Scheitern der Verhandlung führen. Die Bandwagen-Technik sollte daher eher unterstützend verwendet werden und in Kombination mit anderen überzeugenden Argumenten zum Einsatz kommen.

Umdeutungs-Methode – Rhetorik für sich nutzen

Die *Umdeutungs-Methode* ist eine geschickte rhetorische Technik, um Aussagen des Gesprächspartners leicht umzuinterpretieren, ohne dabei dessen Gefühle zu verletzen. Dabei wird häufig die Formulierung »Darf ich es so verstehen …?« verwendet, gefolgt von einer eigenen Interpretation der Aussage. In Verhandlungen dient die Umdeutungs-Methode – oder *Reframing* genannt – dazu, Informationen oder Argumente in ein neues Licht oder einen neuen Kontext zu setzen. Damit bietest du einen alternativen Blickwinkel oder verlagerst den Schwerpunkt eines Gesprächs. Durch die Umdeutungs-Methode wird dem Einwand oder der Aussage des Gegenübers eine andere oder abgeschwächte Bedeutung zugeschrieben. Diese Methode zwingt dich gut zuzuhören, jedoch hat sie den Vorteil, dass du in deiner Argumentation dafür in der Regel weniger Überzeugungskraft benötigst. Hier ein Beispiel: Angenommen, du verhandelst mit einem Kunden über ein längerfristiges Vertragspaket für deine Dienstleistungen, und der Kunde zögert aufgrund der höheren Kosten im Vergleich zu einem kurzfristigen Vertrag. Er könnte sagen: »Ich sehe nicht ein, warum wir uns langfristig binden sollten. Es ist teurer, und wir wissen nicht, wie sich unsere Bedürfnisse ändern werden.«

Hier könntest du die Umdeutungs-Methode verwenden und antworten: »Ich verstehe Ihre Bedenken hinsichtlich Bindung, Preis und wechselnder Bedürfnisse. Mit einem langfristigen Vertrag sichern Sie sich nicht nur kontinuierlichen Service, sondern auch stabile Preise in einer Zeit, in der die Marktpreise steigen könnten. Das bietet Ihnen Planungssicherheit und schützt Ihr Budget vor unerwarteten Schwankungen.«

Mit dieser Antwort hast du das Argument des Kunden umgedeutet, indem du den Fokus von den höheren Kosten auf die potenziellen Vorteile und die langfristige Wertsteigerung verlagert hast. Du hast den Kontext ein wenig verändert und abgeschwächt und mit deinen Worten seinen Bedenken entgegenwirkt. Damit erreichst du, dass Widerstände überwunden werden und die Diskussion in eine produktivere Richtung gelenkt wird.

Ein weiteres Beispiel: »Das Produkt kam viel zu spät, das ist ärgerlich!«, klagt eine Kundin. Dann könntest du erwidern: »Darf ich es so verstehen, dass Ihnen die Lieferzeit wichtig ist und Sie sicherstellen möchten, dass das Produkt pünktlich bei Ihnen ankommt?« Durch diese umdeutende Frage gibst du dem Gegenüber die Möglichkeit, seine Aussage zu präzisieren oder zu korrigieren, falls du sie nicht richtig interpretiert hast.

Der Sinn hinter der Umdeutungs-Methode in Verhandlungen liegt darin, eine offene und respektvolle Kommunikation zu fördern. Statt direkt zu widersprechen oder den anderen zu belehren, schaffst du Raum für Klarstellung und Klärung. Dies kann das gegenseitige Verständnis stärken und zu einer konstruktiven Verhandlungsführung beitragen.

Augenschein-Methode – Beweise sagen mehr als 1000 Worte

Die *Augenschein-Methode* – oder auch *Evidenz-Technik* genannt – zieht konkrete Fakten oder Beweise heran, um eine Behauptung zu stützen oder zu widerlegen. Dies kann mithilfe von Dokumenten, Zeugen, physischen Objekten oder anderen greifbaren Beweisen erreicht werden. Diese Methode erinnert an die Fakten-Argumentation, jedoch liegt hier der Schwerpunkt auf den Beweisen und weniger auf den Behauptungen. Hier ein praktisches Beispiel: Angenommen, du verhandelst über einen Vertrag mit einer neuen Lieferantin, und es gibt Bedenken hinsichtlich der Qualität der Produkte, die die Lieferantin anbietet. Sie behauptet, dass ihre Produkte den branchenüblichen Standards entsprechen.

Du könntest die Augenschein-Methode anwenden, indem du sagst: »Ich habe natürlich Verständnis für Ihre Zusicherungen, aber da die Qualität für uns ein entscheidendes Kriterium ist, wäre es hilfreich, wenn Sie uns einige Muster Ihrer Produkte zur Verfügung stellen könnten. Außerdem würden wir gerne die Ergebnisse unabhängiger Qualitätsprüfungen oder Zertifikate sehen, die bestätigen, dass Ihre Produkte den von uns geforderten Standards entsprechen.« Indem du nach Beweisen oder dokumentierten Fakten fragst, stützt du deine Position auf konkrete, überprüfbare Informationen. Dies kann dazu beitragen, Ungewissheiten oder Unklarheiten zu beseitigen, und ein höheres Maß an Vertrauen und Glaubwürdigkeit in der Verhandlung schaffen. Es zeigt auch, dass du bereit bist, überzeugt zu werden, aber nur auf Grundlage solider Beweise, nicht durch Versprechungen oder Behauptungen. Die Augenschein-Methode ist eine wirkungsvolle rhetorische Technik, bei der während des Redens ein Artikel, Buch oder Schriftstück hochgehalten wird, um die Aussagen zu veranschaulichen. Dieser visuelle Bezug kann einen starken Eindruck hinterlassen und die Glaubwürdigkeit der Argumentation verstärken. Darüber hinaus können auch Gegenstände, Fotos oder sogar Personen als »Beweisstücke« dienen, um die Aussagen in Verhandlungen zu unterstützen.

Der Einsatz der Augenschein-Methode in Verhandlungen kann äußerst effektiv sein, um die Aufmerksamkeit der Verhandlungsteilnehmenden zu gewinnen und die Argumente eindrucksvoll zu untermauern. Durch das Vorzeigen von relevanten Materialien oder Gegenständen kannst du den Inhalt deiner Argumentation greifbarer und überzeugender gestalten.

Sowohl-als-auch-Methode – gelungener Spagat

Die *Sowohl-als-auch-Methode* in Verhandlungen ist eine Strategie, bei der beide Seiten eines Arguments oder beide Aspekte einer Situation anerkannt und integriert werden, anstatt sie als gegensätzlich oder widersprüchlich zu betrachten. Sie dient dazu, Differenzen ihre Schwere zu nehmen und Gemeinsamkeiten zwischen den Parteien hervorzuheben. Diese Methode trägt dazu bei, Kompromisse zu finden oder eine integrative Lösung zu schaffen, bei der beide Parteien gewinnen können.

Stell dir vor, du verhandelst zwischen zwei Abteilungen innerhalb deines Unternehmens, die um Ressourcen konkurrieren. Die eine Abteilung argumentiert, dass sie mehr Personal braucht, um die Effizienz zu steigern, während die andere Abteilung die Notwendigkeit einer besseren Technologie betont. Du könntest die Sowohl-als-auch-Methode anwenden und sagen: »Ich sehe, dass beide Seiten valide Punkte haben. Es ist nicht eine Frage von entweder mehr Personal oder besserer Technologie, sondern möglicherweise eine Kombination aus beidem. Können wir einen Weg finden, sowohl die Personalstärke als auch die Technologie zu optimieren, damit beide Abteilungen ihre Ziele erreichen? Vielleicht können wir eine Phaseneinteilung erarbeiten, bei der wir zunächst in Technologie investieren und dann, basierend auf den Ergebnissen, die Personalstärke anpassen.« Diese Herangehensweise fördert die Zusammenarbeit, erkennt die Bedürfnisse beider Seiten an und versucht, eine Lösung zu finden, die die Interessen beider Parteien berücksichtigt. Es vermeidet den Nullsummenspiel-Ansatz, bei dem eine Seite gewinnen muss, damit die andere verliert, und fördert stattdessen eine kooperative Haltung. Mit dieser Technik werden beide Seiten als richtig oder berechtigt dargestellt, um eine versöhnlichere Atmosphäre zu schaffen.

In Verhandlungen kann die Sowohl-als-auch-Methode auch dazu genutzt werden, Konflikte zu entschärfen und eine Grundlage für weitere Diskussionen und Kompromisse zu schaffen. Indem beide Standpunkte anerkannt werden, sind sie aus unterschiedlichen Perspektiven nachvollziehbar. Das fördert das Verständnis füreinander und schafft eine offene Gesprächsbasis. In einem weiteren Beispiel sagt Person A: »Ich denke, der Preis für dieses Produkt ist viel zu hoch. Ich kann mir das nicht leisten.« Person B erwidert: »Ich verstehe Ihre Bedenken bezüglich des Preises und aus finanzieller Sicht ist es wichtig, dass das Produkt in Ihrem Budget liegt. Gleichzeitig müssen wir berücksichtigen, dass es eine hohe Qualität und einzigartige Funktionen bietet, die es von anderen Produkten unterscheiden. So gesehen könnte es den Mehrwert und die Langlebigkeit wert sein, darüber nachzudenken, wie es langfristig Ihren Bedürfnissen entsprechen kann.« So ist es möglich, die Bedenken deines Gegenübers ernst zu nehmen und gleichzeitig die positiven Aspekte deines Angebots zu betonen. Du schaffst Raum für eine konstruktive Diskussion und zeigst, dass du offen für verschiedene Perspektiven bist.

14. Tipp: Wiederhole Kernbotschaften

Warum ist das wichtig? Wenn wir etwas Neues zum ersten Mal hören, bleibt nur etwa 7 % des Gesagten im Langzeitgedächtnis hängen. Deshalb reichen auch drei Argumente aus, solche, die du begründen und in verschiedenen Formulierungen präsentieren kannst. Je nach Typ nehmen Menschen Informationen auf unterschiedliche Weise auf. Sie reagieren auf andere Worte oder Formulierungen. Wenn du deine Argumente in verschiedenen Formulierungen präsentierst, verstärkst du die Wirkung deiner Aussagen und erhöhst die Wahrscheinlichkeit, dass man deine Argumente versteht und akzeptiert. Wichtige Punkte mehrfach zu wiederholen, verankert sie im Gedächtnis und macht sie präsenter. Dies führt dazu, dass deine Argumente überzeugender wirken und besser im Gespräch verankert sind. Dieses Wiederholen der Kernbotschaften hat Ähnlichkeiten mit der Pacing-Methode. Jedoch wiederholen wir nicht die gesamte Aussage des Gegenübers in eigener Wortwahl, sondern nur die Kernbotschaften. Wichtig ist: gleicher Inhalt, unterschiedliche Wortwahl.

15. Tipp: Nenne den Preis immer zuletzt

In einer Argumentation ist es sinnvoll, geschickt auf die Frage nach dem expliziten Preis zu reagieren und diesen nicht zu nennen, bevor du Nutzen und Angebot erklärt hast. Wie du es letztendlich machst, kannst nur du entscheiden. Wenn du in Preisverhandlungen gehst, nenne niemals den nackten Preis, sondern immer zuerst den Nutzen und das, was der Kunde bekommt. Lass mich erzählen, wie ich reagiere, wenn ich nach dem nackten Preis gefragt werde: Das erste Mal überhöre ich die Frage geflissentlich. Gesagt heißt nicht automatisch gehört. Interessanterweise wird die Frage zu 50 % vergessen, wenn ich beginne, den Nutzen zu argumentieren. Falls nicht, wird die Frage oft wiederholt: »Was kostet das?« In dem Fall stelle ich die hypothetische Frage: »Mal angenommen, wir finden uns im Preis. Was ist Ihnen außerdem noch wichtig?« Je nachdem, wen ich vor mir habe – das entscheide ich sehr intuitiv – antworte ich alternativ: »Das ist eine wichtige Frage. Lassen Sie uns das besprechen, nachdem wir uns das ganze Leistungspaket angeschaut haben.« Lass dich niemals von der Preisfrage entmutigen, sondern nutze sie als Chance, den Kunden von der Wertigkeit deines Angebots zu überzeugen. Setze den Fokus auf den Wert und die Vorteile deiner Dienstleistung. Erst wenn die klar sind, kannst du den Preis als letzter Schritt in deine Argumentation einbringen.

16. Tipp: Verstecke stets ein Ass im Ärmel

Um nicht im Preisfeilschen zu enden und dennoch mit deinen Vorstellungen im Spiel zu bleiben, überlege: Was könntest du außerdem anbieten?

Wenn du merkst, dass das Gespräch in Richtung Preisfeilschen abdriftet, kannst du geschickt alternative Optionen, Zusatzleistungen oder einen Bonus ins Spiel bringen. Was könntest du deinem Gegenüber an Extras anbieten, wenn du ihm nicht im Preis entgegenkommen möchtest? Wenn du dir Gedanken gemacht hast, hast du erfahren, was ihm wichtig ist. Was wären zusätzliche Vorteile? Ein erweiterter Service, eine verlängerte Garantie, zusätzliche kostenlose Leistungen? Ein Extra-Coaching? Eine Empfehlung an eine Geschäftspartnerin? Was könnte dein Ass im Ärmel sein? Überlege, verlass dich auf das Einfache und Vordergründige und versuche etwas, was andere nicht anbieten. Wenn du zuerst den Nutzen darstellst, lenkst du die Aufmerksamkeit – zunächst einmal abseits des Preises – auf den Gesamtwert des »Pakets«. Wenn bemerkt wird, dass du etwas Besonderes anbietest, wird auch geschätzt werden, dass du dir Gedanken gemacht hast. Mit alternativen Optionen und einem Mehrwert erhöhst du deine Chancen, die Verhandlung auf einem für dich vorteilhaften Niveau zu halten. Sei kreativ und finde Möglichkeiten, deine Kunden und Kundinnen zu begeistern und von deinem Angebot zu überzeugen, ohne den Preis als alleiniges Verhandlungselement.

KAPITEL 7

AUCH KONTERN SEI GELERNT!

Zunächst beschäftigen wir uns mit dem Unterschied zwischen Vorwand und Einwand. Denn das sind zwei grundsätzlich unterschiedliche Dinge, die die Art der gefragten Konterstrategie maßgeblich beeinflussen. Der Einwand ist ein Gedanke, ein Bedenken oder eine Kritik der Gegenseite. Er basiert auf echten Bedenken oder Unklarheiten und zeigt, dass die andere Person Zweifel oder Fragen hat. Ein Einwand ist konstruktiv und bietet die Möglichkeit, darauf einzugehen und ihn auszuräumen, sodass dein Gegenüber ein besseres Verständnis bekommt. Das schafft Vertrauen. Im Gegensatz dazu ist ein Vorwand wie eine Ausrede oder vorgeschobene Begründung, die als Grundlage für eine Ablehnung oder den eigenen Widerstand dient. Ein Vorwand wird oft verwendet, um eine Entscheidung zu rechtfertigen oder einer Verhandlung auszuweichen, ohne sich mit den Kernargumenten zu beschäftigen. Ein Vorwand ist meist vage oder oberflächlich und dient dazu, das eigentliche Problem zu verbergen.

In der Argumentation unterscheidest du klar zwischen Einwänden und Vorwänden: Einwände bieten die Möglichkeit, die Bedenken der Gegenseite anzusprechen und Lösungen zu finden, um sie auszuräumen. Vorwände brauchen eine andere Herangehensweise, um sie zu entkräften. Hier gilt es, die wahren Beweggründe hinter dem Widerstand aufzudecken und dafür mögliche Lösungen zu erarbeiten.

Man unterscheidet bei den Verhandlungs- und Gesprächstechniken zwischen echten Einwänden und unechten

Vorwänden. Werden wir konkret! Ein Einwand ist, wenn ich dir sage, dass ich kein Budget habe, um deinen Lohn zu erhöhen. Wenn das tatsächlich so ist, ist das ein echter Einwand. Ein Vorwand ist, wenn ich sage, dass ich kein Budget habe, obwohl ich das Geld habe, dich aber nur schnell abwimmeln will. Nicht immer lässt sich ein Vorwand von einem Einwand klar unterscheiden. Wenn wir spüren, dass es sich nur um einen Vorwand handelt, dann hinterfragen wir den Vorwand zuerst, bevor wir argumentieren. Zum Beispiel mit einer vertiefenden Frage: »Wie meinen Sie dies genau?« Entkräften müssen wir sowohl den Vorwand als auch den Einwand.

Es gibt auch Einwände, die weit hergeholt sind. Wie wäre es, wenn du diesen so begegnest: »Ich komme gerne auf diesen Einwand zurück, brauche aber mehr Details dazu.«

Einwände, die auf Gerüchten oder Rezensionen basieren, sind eher Vorwände und müssen zuerst klargestellt werden, denn die Basis bilden andere Meinungen, nicht eigene. Hier muss zuerst der gemeinsame Nenner, wie etwas wahrgenommen wird, abgeglichen werden.

Kürzlich war ich mit meinem Mann in einem ausgezeichneten Restaurant. Wir hatten Bewertungen darüber gelesen. In einem Kommentar hieß es: »Es ist teuer.« Wir haben uns gefragt, wie jemand so einen Kommentar hinterlassen kann. Die aktuellen Preise sind für jeden auf der Website einsehbar, das bedeutet, es wäre möglich gewesen, sich diese vor dem Restaurantbesuch anzusehen, anstatt im Nachhinein überrascht zu sein. Wenn das Feedback gewesen wäre: »Das Lokal hat kein gutes Preis-Leistungs-Verhältnis«, wäre das ein aussagekräftiges Feedback und man könnte die Preise mit der Leistung in Verbindung bringen. Das Preis-Leistungs-Verhältnis aus unserer Sicht war stimmig, wir hatten einen wunderbaren Abend. Dies ist ein Beispiel, dass, falls im Gespräch jemandes Vorwände auf Rezensionen, Feedbacks oder Meinungen anderer basieren, wir zuerst Klarheit schaffen sollten, bevor wir mit dem Entkräften starten.

Grundsätzlich ist es positiv, wenn es Einwände gibt. Das ist für mich ein klares Zeichen, dass sich die anderen Gedanken zur Sache gemacht haben. Manchmal gibt es Einwände, weil man dich unter die Lupe nehmen will. Wie reagierst du? Wie meisterst du provokative oder kritische Situationen? Je besser du vorbereitet bist, desto souveräner reagierst du in jeder Situation. Wenn dir ein Einwand völlig absurd erscheint, kannst du auch schmunzeln und sagen: »Das ist interessant, gerade weil es aus unserer Perspektive anders aussieht. Lassen Sie uns diese zwei Perspektiven ausdiskutieren, dann sieht das vielleicht ganz anders aus.«

Im letzten Kapitel habe ich das E. V. A.-Methode vorgestellt. Einwand – Verstehen – Antwort. Das gilt gleichermaßen auch in der Phase der Einwandbehandlung. Egal ob Einwand oder Argument, viele Menschen geben spontan eine Antwort, ohne nachzudenken. Hier möchte ich in Erinnerung rufen: »Viele Menschen hören zu, um eine Antwort zu geben. Nur wenige Menschen hören zu, um zu verstehen.«

Wenn es um schwierige Sachverhalte oder brisante Themen geht, ist es wichtig, eine spontane, emotional geladene Reaktion zu vermeiden. Bewusst verstehen zu wollen, was der andere meint, verhindert, dass sich Fronten verhärten und das Gespräch in eine Sackgasse gerät.

In jeder Verhandlung begegnen uns Einwände, die unsere Verhandlungsziele zu gefährden scheinen. Doch diese Herausforderungen lassen sich durch geschickte Einwandbehandlung meistern. Dazu gibt es verschiedene Möglichkeiten. Anhand der folgenden drei Beispiele, die die meistgehörten Einwände behandeln werden, möchte ich dir diese Möglichkeiten näherbringen.

Totschlagargumente für die Top-drei-Einwände: Zeit, Geld, Konkurrenz

1. »Ich habe keine Zeit!«

Einer der häufigsten Einwände, du kennst es sicherlich, ist die Zeit. Da gilt es, einfühlsam zu reagieren und Verständnis zu zeigen.

Die *Leistungssteigerungs-Technik* entkräftigt den Einwand »keine Zeit«, indem du den Fokus auf den möglichen Gewinn für dein Gegenüber lenkst. Indem du herausstellst, dass dein Angebot Zeitersparnis oder zusätzlichen Gewinn bringen kann, schaffst du Anreize, sich dennoch Zeit für das Gespräch zu nehmen.

Beispiel:

Person A: »Als Unternehmer wissen Sie sicherlich, wie wichtig es ist, Zeit in Dinge zu investieren, die sich lohnen, oder?«

Person B: »Ja, absolut!«

Person A: »In unserem Gespräch möchte ich Ihnen zeigen, wie Sie mit drei einfachen Maßnahmen Ihre Rendite jährlich um 11 % erhöhen können. Wäre das für Sie eine lohnenswerte Investition Ihrer Zeit?«

Die *Praxiserfahrungs-Technik:* Damit wird betont, dass die Zeit des Gesprächspartners nicht verschwendet wird und du lediglich 20 Minuten für dein Angebot benötigst. Wir appellieren an das Fairness-Empfinden und geben dem Gegenüber die Gelegenheit, aus erster Quelle wertvolle Informationen zu erhalten.

Beispiel: »Zeitverschwendung ist wirklich ärgerlich, das kann ich gut nachvollziehen. Umso wichtiger ist es, dass Sie sich unsere 20-Minuten-Präsentation ansehen. Sie bekommen aus erster Hand Einblicke, wie andere Unternehmer ihren Vertrieb optimiert haben. Klingt das fair und interessant für Sie?«

Die *Chancenerkennungs-Technik* gibt dir die Chance, den Einwand »keine Zeit« in eine positive Richtung zu lenken. Du stellst hypothetische Szenarien vor, in denen dein Angebot Zeitersparnis oder andere Vorteile konkret darstellt. Dies regt dein Gegenüber zum Nachdenken an und öffnet die Tür für weitere Gespräche.

Beispiel: »Ich verstehe, dass Zeit für Unternehmer wie Sie ein wertvolles Gut ist. Lassen Sie uns dennoch kurz überlegen, wie Sie durch zwei einfache Ideen langfristig Zeit einsparen könnten. Diese Möglichkeit kommt Ihnen immer wieder zugute. Was denken Sie darüber?«

Die *Zeitoptimierungs-Methode* dreht einen Einwand geschickt um. Anstatt ihn abzulehnen, arbeitest du die Prioritäten des Gegenübers heraus und betonst, dass das Gespräch nur wenige Minuten dauern wird. Die Entscheidung, wie es weitergeht, liegt dann ganz bei ihm.

Beispiel: »Als Unternehmer kennen Sie sicherlich die Bedeutung von effizienter Zeitplanung und Priorisierung. Aus diesem Grund möchte ich unser Gespräch auch effektiv gestalten und nur sieben bis zwölf Minuten Ihrer Zeit beanspruchen. Danach können Sie selbst entscheiden, wie wir weiter verfahren möchten.«

2. »Das ist zu teuer!«

Der Einwand »zu teuer« stellt eine der häufigsten Herausforderungen dar. Es ist wichtig, sich bewusst zu machen, dass dieser Einwand meist eine Einladung zur Preisverhandlung ist. Doch als Person, die verkauft, solltest du zunächst die Preisverteidigung in den Vordergrund stellen, bevor du in eine Verhandlung einsteigst, bei der du möglicherweise Zugeständnisse machen musst. Hier sind einige Einleitungsformulierungen und Ideen für die Preisverteidigung:

Die *Perspektivtechnik* ist der Versuch, eine Situation oder ein Problem aus dem Blickwinkel des anderen zu betrachten. Dabei geht es darum, Empathie und Verständnis für die Position und die Bedürfnisse der anderen Seite zu entwickeln. Diese Technik hilft, Gemeinsamkeiten zu finden, Missverständnisse zu klären und eine vertrauensvollere, kooperative Atmosphäre zu schaffen.

Beispiel: »Lassen Sie uns gemeinsam einen Blick auf die langfristigen Vorteile werfen, die eine Zusammenarbeit mit unserem Produkt mit sich bringt. Welche positiven Veränderungen könnten sich für Ihr Unternehmen ergeben, wenn Sie Ihre Ressourcen effizienter einsetzen könnten?«

Die *Vergleichstechnik* ist das Heranziehen von Analogien, Beispielen oder früheren Erfahrungen, die einer aktuellen Situation ähneln, um eine Position zu klären oder zu stärken. Durch das Aufzeigen von Ähnlichkeiten mit bekannteren oder allgemein akzeptierten Situationen kann diese Methode helfen, Verständnis zu schaffen, Argumente zu unterstützen oder eine gemeinsame Basis für eine Einigung zu finden.

Beispiel: »Es ist verständlich, dass der Preis eine Rolle spielt. Gleichzeitig haben andere Unternehmen in Ihrer

Branche durch den Einsatz unseres Produkts signifikante Einsparungen erzielt. Wie würden Sie sich fühlen, wenn Sie vergleichbare Erfolge erzielen könnten?«

Die *Zukunftsbetrachtungs-Methode* bezieht sich auf das Ausrichten der Diskussion auf zukünftige Ziele, Erwartungen oder Ergebnisse, anstatt sich auf gegenwärtige Probleme oder vergangene Ereignisse zu konzentrieren. Diese Methode hilft, Visionen und langfristige Strategien zu erkunden, fördert eine zukunftsorientierte Denkweise und kann dazu beitragen, aktuelle Meinungsverschiedenheiten zu überbrücken, indem ein gemeinsames Ziel oder eine gemeinsame Richtung festgelegt wird.

Beispiel: »Stellen Sie sich vor, wie Ihr Unternehmen in den nächsten fünf Jahren wachsen und florieren könnte, wenn Sie jetzt in unsere Lösung investieren. Welche Möglichkeiten eröffnen sich dadurch für Ihre Geschäftsentwicklung?«

Mit diesen alternativen Behandlungstechniken für diverse Einwände lenkst du den Fokus deines Gegenübers auf positive Aspekte und verdeutlichst ihm, wie sich eine Investition in dein Produkt langfristig lohnen kann. Die Fragen zielen darauf ab, das Interesse des Kunden zu wecken und ihm zu zeigen, dass der Preis gerechtfertigt ist, da er mit langfristigem Nutzen und Erfolg einhergeht.

3. »Wir haben schon einen anderen Anbieter!«

Du begegnest diesem Einwand oft bei Akquise-Gesprächen. Potenzielle Kunden und Kundinnen haben oft schon einen Anbieter für ähnliche Dienstleistungen. Lass dich nicht entmutigen. Es gibt immer Raum für Verbesserungen und Möglichkeiten, einen Mehrwert zu bieten. Hier sind ein paar Strategien, wie du diesem Einwand erfolgreich begegnen kannst:

Die *Erweiterte-Lösungs-Methode* bezieht sich auf das Zurückwerfen einer Frage oder Behauptung, oft mit einer Gegenfrage oder durch das Anfordern weiterer Erklärungen. Diese Technik kann verwendet werden, um den Druck von einer Position zu nehmen, Zeit zu gewinnen oder das Gegenüber dazu zu bringen, seine eigenen Annahmen und Argumente genauer zu überprüfen. Es ist eine Art, den Ball ins gegenüberliegende Feld zu werfen. Es ist eine effektive Taktik, um Kontrolle in einer Verhandlungssituation zu behalten.

Beispiel: »Es freut mich zu hören, dass Sie bereits mit einem Lieferanten zusammenarbeiten. Tatsächlich hat ein großer Teil unserer Kunden zuvor auch mit anderen Anbietenden zusammengearbeitet. Was sie bei uns jedoch entdeckt haben, ist eine erweiterte Lösung, die ihre Bedürfnisse besser erfüllt und ihnen zusätzliche Vorteile bietet. Wäre es für Sie interessant zu erfahren, wie wir das auch für Sie erreichen?«

Die *Referenzkunden-nutzen-Methode* bezieht sich auf den Einsatz von Metaphern oder bildhaften Vergleichen, um komplexe Ideen oder Konzepte auf eine einfachere, verständlichere Weise darzustellen. Durch das Herstellen einer Verbindung zu etwas Vertrautem kann diese Technik helfen, Einsicht und Verständnis zu fördern, Emotionen anzusprechen und die Kommunikation effektiver zu gestalten.

Beispiel: »Verständlich, dass Sie bereits einen Ansprechpartner haben. Viele unserer Auftraggebenden waren anfangs in einer ähnlichen Situation. Aber nachdem sie unsere Dienstleistung in Anspruch genommen und die positiven Ergebnisse gesehen hatten, entschieden sie sich für eine langfristige Zusammenarbeit. Ich würde Ihnen gerne einige Erfolgsgeschichten unserer Referenzkundschaft zeigen. Könnten diese Beispiele für Sie interessant sein?«

Die *Profimeinungs-Technik* bezieht sich auf das Herausgreifen und Separatbehandeln eines spezifischen Punktes oder Themas aus einem komplexeren Gesamtkontext. Durch die Fokussierung auf einen isolierten Aspekt kann diese Technik dazu beitragen, Verwirrung zu reduzieren, Klarheit zu schaffen oder eine Übereinkunft über einzelne Teile einer größeren Verhandlung zu erreichen, bevor man zum gesamten Paket übergeht. Es ermöglicht den Parteien, sich auf konkrete Details zu konzentrieren, ohne von anderen, möglicherweise komplizierteren oder umstrittenen Themen abgelenkt zu werden.

Beispiel: »Es ist gut zu wissen, dass Sie bereits eine Ansprechpartnerin für Ihre Risikoabsicherung haben. Gleichzeitig ist das Thema ›betriebliches Vorsorgewerk‹ sehr spezialisiert und komplex. Unsere Kundschaft arbeitet zusätzlich mit uns zusammen, um von einer zweiten Profimeinung zu profitieren. Es ermöglicht ihnen, neue Möglichkeiten zu entdecken und eventuelle Verbesserungen vorzunehmen. Wären Sie daran interessiert, eine weitere Profimeinung einzuholen?«

Mit diesen unterschiedlichen Ansätzen kannst du den Bedenken deiner Kundschaft effektiv entgegenwirken und ihnen verdeutlichen, dass es sich lohnt, mit dir in Kontakt zu bleiben, selbst wenn sie bereits mit einem anderen Anbieter zusammenarbeiten. Die Fragen sind darauf ausgerichtet, Interesse zu wecken und Potenziale für eine Zusammenarbeit aufzuzeigen.

Mit diesen Behandlungstechniken für Einwände bist du bestens gerüstet, um auch den schwierigsten Einwänden souverän zu begegnen.

Gewaltfreie Kommunikation – weil Reden doch Gold ist

Die *Gewaltfreie Kommunikation (GFK)*, auch als *Sprache des Lebens* bezeichnet, ist eine einfühlsame Methode, die von Marshal B. Rosenberg entwickelt wurde. Ziel ist es, Konflikte zu lösen und eine tiefere, einfühlsamere Verbindung zwischen Menschen herzustellen. In Verhandlungen eignet sie sich besonders gut, um negative oder schwierige Botschaften zu vermitteln, weshalb sie oft in der Phase des Konterns zum Tragen kommt. Sie ermöglicht es uns, uns selbst und andere besser zu verstehen und in einer wertschätzenden Weise miteinander zu kommunizieren. Die GFK setzt auf vier wesentliche Schritte, die augenblicklich jedes dynamische Verhandlungspotenzial entschärfen. Indem du diese Schritte anwendest, schaffst du Raum für Verständnis, Empathie und Konfliktlösung. Du lernst, dich in andere Menschen hineinzuversetzen und ihnen auf Augenhöhe zu begegnen. Die GFK eröffnet Möglichkeiten, einander wirklich zuzuhören und auf einer tieferen Ebene zu verstehen, was zu einer harmonischen und respektvollen Kommunikation führt. Sie setzt darauf, dass man sich nicht rechtfertigt, nicht vergleicht, einander nicht droht und die eigene Verantwortung nicht abschiebt. Das wird schrittweise durchgeführt.

1. *Beobachtung:* die Situation mit ihren Fakten darstellen oder spiegeln, anstatt eine Bewertung des Gesagten abzugeben.

2. *Gefühl:* das eigene Gefühl verbalisieren, anstatt jemandem Schuld zuzuweisen.
3. *Bedürfnis:* das eigene Bedürfnis formulieren, anstatt Position zu beziehen.
4. *Bitte:* eine an das Gegenüber gerichtete Bitte formulieren, anstatt eine Forderung in den Raum zu stellen.

Einfacher ist es, das anhand des Beispiels des unpünktlichen Mitarbeiters zu verdeutlichen, das ich schon an vorhergehender Stelle benutzt habe. Wenn ich zu ihm sage: »Du kommst immer zu spät. Die anderen schaffen es schließlich auch, pünktlich zu sein. Warum du nicht?«, ist das eine vergleichende Kommunikation, die negativ gefärbt ist, als Anklage ankommt und zu einem Wortschwall der Entschuldigungen einlädt. Anders ist es, wenn ich dieser Person mit diesen Worten begegnen würde: »Ich habe festgestellt, dass du in dieser Woche dreimal eine halbe Stunde zu spät gekommen bist. Ich persönlich empfinde das als unprofessionell. Ich möchte gerne unsere Meetings jeden Morgen pünktlich um 8 Uhr mit allen aus dem Team starten und bitte dich deshalb, künftig den früheren Zug zu nehmen.«

Die vier Schritte sind klar:

1. *Fakten nennen:* »Ich habe festgestellt, dass du in dieser Woche dreimal eine halbe Stunde zu spät gekommen bist.«
2. *Gefühl äußern:* »Ich persönlich empfinde das als unprofessionell.«
3. *Bedürfnis formulieren:* »Ich möchte gerne unsere Meetings jeden Morgen pünktlich um 8 Uhr mit allen aus dem Team starten.«
4. *Wunsch statt Forderung:* »Ich bitte dich deshalb, künftig den früheren Zug zu nehmen.«

Mit GFK treten Rechtfertigungen, Vergleiche und Drohungen automatisch in den Hintergrund. Das Gegenüber steht nicht wie ein begossener Pudel da und verliert seine Würde nicht, dennoch wird eine klare Handlungsanweisung auf sachlicher Ebene kommuniziert, die es umzusetzen gilt.

Im Umgang mit schwierigen Situationen möchte ich dir gerne noch folgende Grafik mitgeben, anhand derer gezeigt werden kann, wie unterschiedliche Methoden kombiniert werden können. Die Abbildung zerlegt eine eskalierende Situation in ihre Bestandteile. Ziel ist es, eine aufgrund von unangenehmen Einwänden hochgekochte, aggressiv-emotionale Stimmung wieder in eine positive Verhandlungsatmosphäre zu führen.

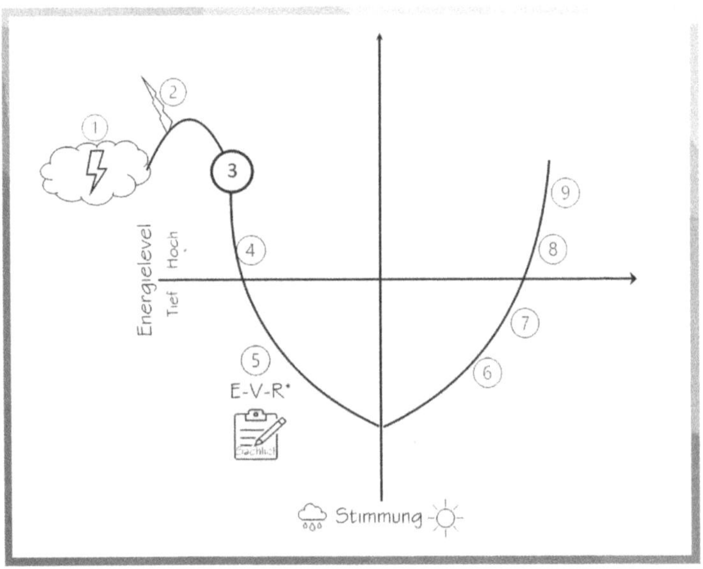

Abb. 2: Umgang mit schwierigen Gesprächssituationen

Legende:

1. Aufgebrachter Kunde tritt in das Gespräch ein
2. Eskalationspfad
3. Kultursekunde hilft, Eskalation zu vermeiden
4. Gespräch deeskalieren, z. B. mit GFK oder E. V. A.
5. Sachlich zusammenfassen*
   E – Emotionen bleiben auf dem Papier
   V – Gute Ausgangslage zum Verhandeln
   R – Rapport zum Weitergehen
6. Wenn sich die Situation beruhigt hat, ist es die Aufgabe, das Gespräch in den positiven Quadranten zu bringen
7. Gute Fragen stellen
8. Pacing
9. Feedback einholen

Es geht um schwierige Situationen und die daraus resultierende schlechte Stimmung. Deswegen die Wolke. Es geht darum, die Stimmung zu entschärfen. Deswegen die Sonne. Auf der einen Seite haben wir laute, aggressive Schwingungen, auf der anderen eine ruhige, ausgeglichene Energie. Wenn jemand mit aufgeladener Energie in diesen Bereich kommt, befeuert das die aggressive Stimmung. Wenn du dann zu schnell oder zu laut sprichst, wird es sich weiter aufwiegeln. Die schlechte Stimmung steigt. Das ist das Pingpong-Spiel, von dem ich gesprochen habe, das dann entsteht, wenn es keine Verstehens-Pause zwischen Einwand und Antwort gibt, sondern die Antwort unbedacht hinausgefeuert wird. Ziel in jeder Verhandlung und vor allem in der Situation, in der schlechte Stimmung herrscht, ist es doch, die Stimmungskurve wieder in die positive Richtung – zur Sonne – zu lenken.

Wie ist das möglich? Welche Techniken kannst du einsetzen? Mein Wundermittel ist die *Kultursekunde*. Was das ist, könntest du jetzt fragen. Eine Kultursekunde ist eine Pause. Du schweigst einen Moment. Du denkst nichts, sondern zählst innerlich langsam »Dreiundzwanzig, zweiundzwanzig, einundzwanzig«, bevor du wieder zu sprechen beginnst. So eine Pause im richtigen Moment wirkt Wunder.

In der Kultursekunde geht die Aggressionskurve runter, in gefühlt 80 % der Fälle ist das Problem damit sogar schon gelöst. Erst wenn sich die Stimmungskurve nicht beruhigt, greifst du zu anderen Techniken, wie beispielsweise die beschriebenen Methoden GFK und E.V.A. Diese sind erst zu empfehlen, wenn die Kultursekunde nicht gelingt. Gute Fragen sind eine andere Möglichkeit, um verfahrenen Situationen zu entfliehen und ans Ziel zu kommen. In dem Kapitel zu Fragen habe ich die wichtigsten Techniken erläutert. Hier eignen sich lösungsorientierte Fragen, mit denen du ein Gespräch wieder an dich nehmen und mithilfe von Pacing und Argumenten wieder in die richtige Richtung lenken kannst.

Noch ein Trick: Wenn die Stimmung in einer Verhandlung ganz nach unten geht, sage ich: »Einen Moment bitte. Ich halte das schnell fest und schreibe alles mit.« Dann bin ich auch konsequent und mache das. Was passiert? Die Emotionen verbanne ich aufs Papier und da bleiben sie auch. Wichtig ist hierbei die Wahl deines Tonfalls. Denn deine Stimme verrät deine innere Stimmung.

»Der Ton macht die Musik!«

Dadurch, dass ich alles aufschreibe, bekommt mein Gegenüber einen Achtsamkeitsschock und passt genau auf, was er sagt. Eine verblüffende Technik, die in negativen, ziemlich eingefahrenen Situationen unglaublich wirksam ist, auch dann, wenn ein Gespräch schwierig wird. Als Nebeneffekt halte ich mir tatsächlich ein paar Punkte fest, sodass ich später darauf zurückgreifen oder sie in einer nächsten Verhandlung einsetzen kann.

Noch ein Tipp: Wenn ein Gespräch mit massiven Einwänden stagniert oder die Stimmung kippt und scheinbar nicht zu retten ist, ist es ein Zeichen von Stärke, das offen zu verbalisieren. »Ich habe das Gefühl, im Moment kommen wir nicht weiter und die Stimmung ist im Keller. Um keine Zeit zu verschwenden, könnten wir Folgendes tun: Entweder wir beenden an dieser Stelle und führen das Gespräch in einer zweiten Verhandlungsrunde fort oder wir machen eine kurze Pause, vertreten uns ein paar Minuten die Beine an der frischen Luft und machen dann weiter.« Das kann die Stimmung wieder hochbringen und ein konstruktives Fortsetzen der Verhandlung ist möglich. Wenn nicht, ist ein neuer Termin sinnvoller. Du siehst, es gibt unterschiedliche Möglichkeiten, auf Einwände zu reagieren und den Gesprächsverlauf zielgerichtet zu gestalten. Wähle die aus, die situativ am besten passt.

Wenn alle Einwände gebracht und diskutiert sind, ist es Zeit, diese Einwand-Phase abzuschließen, indem du die wichtigsten Punkte zusammenfasst. Bitte nur die sachlichen, nicht die emotionalen. Sonst kochen die Emotionen wieder hoch. Spannend ist, dass in den meisten Verhandlungen nur ein Drittel der Punkte tatsächlich sachlich ist.

Wie unterscheidest du *sachlich* und *emotional*? Ein sachlicher Punkt ist: »Der Preis ist um 20 % zu hoch.« Ein emotionaler dagegen: »Ich fühle mich mit dem Ergebnis nicht wohl.« Vermeide unbedingt, emotionale Aspekte in die Zusammenfassung zu integrieren.

Bevor du zum nächsten Tagespunkt übergehst, darfst du, sofern alle zufrieden sind, Feedback zu diesem hitzigen Abschnitt einholen. »Sind Sie jetzt zufrieden?« wäre jedoch zu plump und das Risiko, dass dein Gegenüber »Nein« sagt, ist zu groß. Frage besser: »Können Sie meine Position und

Argumentation jetzt nachvollziehen? Haben wir alles besprochen? Wurde von Ihrer Seite aus alles verstanden? Sind Sie mit dem verhandelten Ergebnis zufrieden?« Wenn dein Gegenüber das verneint, hast du die Chance, eine Zusatzschleife mit weiteren Erklärungen anzuhängen. Wichtig ist, die Verhandlung positiv zu beenden. Das bleibt in Erinnerung und schafft die Basis für das nächste Gespräch.

Der beschriebene Prozess und seine Phasen zeigen, wie du die ganze Verhandlung gestalten oder situativ auf hartnäckige Einwände eingehen kannst. Ich habe dir einen bunten Mix vorgestellt, von dem du diejenigen Techniken einsetzen kannst, mit denen du dich wohl und sicher fühlst. Das will geübt werden. Nimm dir nicht zu viel auf einmal vor, sondern teste eine Technik nach der anderen, zuerst im Kleinen, dann in den wichtigen Gesprächen.

KAPITEL 8

DIE RICHTIGE KÖRPERSPRACHE

Eine krumme Körperhaltung, ein missverstandener Blick – und schon sind unsere Bemühungen mit all den erlernten Methoden und gut gewählten Argumenten umsonst. Die richtigen Worte sind nämlich nicht alles! Nachdem ich dich durch den Prozess der Vorbereitung und der Verhandlung geführt habe, kommt nun spannendes Hintergrundwissen, das du ebenfalls für dich nutzen kannst. Ein wesentlicher Teil der Kommunikation ist die Sprache des Körpers, die mehr sagt als Worte. Wir bezeichnen sie als *nonverbale Kommunikation.* Sie umfasst Körperhaltung, Mimik, Gestik und mehr und sendet Botschaften in Richtung des Gegenübers. Warum ist es wichtig, mehr über nonverbale Kommunikation zu wissen?

Sie hat einen Einfluss auf zwischenmenschliche Beziehungen. Unbewusst drücken wir Gefühle, Absichten und Haltungen durch unseren Körper aus. Wenn wir uns dessen bewusst sind, können wir unsere Körpersprache gezielt einsetzen, um uns besser zu verständigen, Vertrauen aufzubauen, Beziehungen zu stärken oder andere leichter einzuschätzen.

In Verhandlungen kann nonverbale Kommunikation unsere Worte unterstützen, die Überzeugungskraft verstärken und dazu beitragen, dass Botschaften klarer und authentischer wirken. Gleichzeitig rufen nonverbale Signale nicht selten Missverständnisse hervor oder verschleiern Absichten. Vor allem dann, wenn wir uns ihrer selbst nicht bewusst sind. Das hängt mit dem eigenen inneren Zustand zusammen, der in angespannten Situationen vielleicht unsicher, aufgeregt oder zweifelnd ist.

Nonverbale Kommunikation zu verstehen und aktiv anzuwenden, bedeutet, dass sich neue Möglichkeiten auftun, uns klarer auszudrücken. Es geht darum, die Sprache des Körpers einerseits besser zu verstehen und andererseits einzusetzen, um das Gesprochene zu untermauern, Ziele zu erreichen und eine positive zwischenmenschliche Verbindung herzustellen.

In diesem Kapitel entführe ich dich tiefer in die faszinierende Welt der nonverbalen Kommunikation. Lass uns gemeinsam eintauchen, verschiedene Aspekte beleuchten und konkrete Techniken kennenlernen. Wenn du die Kraft der nonverbalen Kommunikation durchschaust, bringt das deine Gespräche automatisch auf eine neue Ebene und beeinflusst nachhaltig die Art und Weise, wie du mit anderen interagierst.

Es gibt interessante Studien darüber, zu wie viel Prozent sich die zwischenmenschliche Kommunikation auf verbaler und zu wie viel Prozent sie sich auf nonverbaler Ebene abspielt. Die Zahlen variieren je nach Untersuchung. Alle Studien sind sich jedoch einig, dass der nonverbale Anteil größer ist. Die nonverbalen Signale umfassen unter anderem Körperhaltung, Gestik, Mimik, Tonfall und Blickkontakt. Diese Faktoren müssen unter Berücksichtigung der Kultur und des Kontexts betrachtet werden. Dieses Buch behandelt vorwiegend Verhandlungen in der mitteleuropäischen Businesskultur.

Körpersprache ist selten eindeutig. Das heißt: Die gleiche Bewegung kann mehrere Bedeutungen haben. Wenn wir zum Beispiel die Augenbrauen hochziehen, kann dies ein Ausdruck von Überraschung oder Erschrecken oder einfach die Bekundung von Interesse sein. Oft verwenden wir unbewusst mehrere Signale gleichzeitig.

Es gibt auch die Chance, selbst bewusst eingesetzte nonverbale Signale zu senden und damit beim Gegenüber Reaktionen auszulösen.

Nonverbale Kommunikation ist eine Wissenschaft für sich: Es gibt kein Lexikon, in dem du nachschlagen kannst, was eine bestimmte Handbewegung oder das Zucken einer Augenbraue bedeutet. Jede Geste, jede Bewegung, jeder Ausdruck ist mehrdeutig und im Situationszusammenhang zu betrachten. Ein Beispiel: Ich strecke dir beim Eintritt in den Verhandlungsraum meine beiden Hände offen entgegen. Das ist eine positive Geste. Wenn ich aber einem 6-jährigen Bub entgegengehe, der etwas ausgefressen hat, wird es etwas anderes bedeuten. Bei uns in Europa ist die klassische Begrüßungsgeste das Händeschütteln. Im asiatischen Raum dagegen sind es die über der Brust überkreuzten Arme und ein ehrerbietendes Verneigen. Bei uns ist der direkte Augenkontakt Ausdruck von Aufmerksamkeit und Respekt, während er im asiatischen Raum eher ein Zeichen für Angriff und Feindseligkeit ist.

Ich gehe von schmerzfreien Verhandlungsteilnehmenden aus. Unter Schmerzen verändert sich die Körperhaltung unbewusst, zum Schutz davor. Dieser Effekt ist auch als Schonhaltung bekannt und verändert die Sprache des Körpers, wodurch andere Botschaften ausgesendet werden. Wenn beispielsweise die Schulter schmerzt, könnte die eigene Hand unbewusst die Schmerzstelle suchen mit dem Bestreben, das Unwohlsein zu lindern. Bei Nackenschmerzen sitzt man verkrampfter da. Schonhaltungen verfälschen den normalen Körperausdruck.

Schauen wir uns die Körpersprache in einer Verhandlung an. Wenn sie beginnt, ist das eine Phase der vorsichtigen Annäherung, ein Vertrautmachen. Man gibt sich zurückhaltender. In meinen Seminaren stelle ich oft den Vergleich zu einer Verabredung beziehungsweise einem ersten Date her. Da die meisten Teilnehmenden schon einmal in dieser Situation waren, ist es häufig ein Leichtes, auszumachen, welche

Körpersprache in diesem Kontext geläufig ist. Im Anschluss frage ich: »Was, glaubt ihr, könnt ihr daraus lernen und auf einen Business-Kontext übertragen?« Es ist das Spiel zwischen Annäherung und Distanz, Vertrauen aufbauen und skeptisch sein. Die Annäherungsphase in einer Verhandlung erinnert an ein Ritual und beginnt – vor allem, wenn wir uns nicht kennen – mit einer gewissen Distanz, Ruhe und Zurückhaltung. Du kennst bestimmt das Sprichwort »Nicht mit der Türe ins Haus fallen«. Ein paar Tipps dazu: Wähle eine aufrechte Körperhaltung und halte Distanzzonen ein. Ich empfehle eine Armlänge Abstand. Nimm, wenn möglich, gerne die Nullhaltung ein. Über diese erfährst du im weiteren Verlauf dieses Textes mehr.

Die wichtigsten Aspekte der Körpersprache möchte ich in diesem Kapitel praktisch und zum Nachmachen darstellen. Ich fasse nur die wichtigen Dinge zusammen, die du für den geschäftlichen Kontakt bei Gesprächen, Meetings und kritischen Verhandlungen in Betracht ziehen und übernehmen kannst. Es gibt eine Struktur aus drei Teilen:

1. Die Haltung
2. Die Gestik
3. Die Mimik

Eine Frage, die mir oft gestellt wird, ist: Machen wir nicht alles instinktiv und unbewusst auf natürliche Weise richtig? Natürlich tun wir das. Doch wie wäre es, wenn du in Zukunft das, was du sagst, zusätzlich mit einer bewusst eingesetzten Geste kraftvoll unterstreichen und ihm damit mehr Kraft verleihen könntest? Das bedeutet nicht, dass du die natürliche Art, dich zu bewegen, verändern solltest. Doch ergänzt um ein paar starke Gesten oder Haltungen sind deine Worte noch ausdrucksstärker.

1. Die Haltung

Achte beim Auftritt der einzelnen Verhandlungsteilnehmenden auf deren Haltung und ihre nonverbale Kommunikation. Körperhaltung, Gang, Hände, Gestik, Gesichtsausdruck und Bewegungen weisen darauf hin, wie sich eine Person fühlt und wie offen sie für ein Gespräch ist. Achte auf Anzeichen von Unbehagen, Nervosität oder Abwehrhaltung und reagiere situativ darauf. Mit anderen Worten: Du stellst dich innerlich auf alle Gesprächsteilnehmenden ein und schaffst eine positive Grundlage für das Gespräch, noch bevor das erste Wort gesprochen wird.

Achte auch auf deine eigene Körperhaltung: Eine aufrechte und offene Haltung signalisiert Selbstbewusstsein. Vermeide eine defensive, verschlossene oder zu lockere Körperhaltung. Mit »zu locker« meine ich beispielsweise, halb liegend auf dem Stuhl und mit hinter dem Kopf verschränkten Armen lässig auf die anderen zu warten. Das schafft Distanz, was wiederum den Aufbau von Vertrauen negativ beeinflussen kann.

Defensive und verschlossene Körperhaltungen können wir beispielsweise im öffentlichen Raum bei wartenden Menschen an Bus- und Zughaltestellen beobachten. Du erkennst sie mühelos an vorgebeugten Schultern und einer asymmetrischen Ausrichtung. Umgangssprachlich wird diese Haltung oft mit einem Fragezeichen verglichen.

Die Körperhaltung ist grundsätzlich ein wichtiger Identifikator in der zwischenmenschlichen Kommunikation, der viel über einen Menschen aussagt. Mit deiner eigenen Haltung schaffst du eine konstruktive und kooperative Atmosphäre. Tust du das, nimmt automatisch deine Zuhörfähigkeit, Konzentration und Empathie zu. Gleichzeitig nimmst du Schwingungen und Stimmungen der anderen wahr.

Wenn du die Haltung beobachtest, konzentriere dich nicht auf die Physiognomie, also Körpergröße und Statur. Die hat zwar unbewusst auch Einfluss auf Verhandlungen, aber die Bewegungen sind wichtiger. Das Thema Physiognomie würde den Rahmen dieses Buches sprengen. Bewegungen lassen sich steuern und beeinflussen, die Physiognomie nicht.

Abb. 3: Ego-Haltung (stehend)

Drei Körperhaltungen möchte ich dir nun gerne näher vorstellen.

Die Ego-Haltung:
Erstere zeigt einen aufrechten Körper und selbstbewussten Gang. Wichtig: Schultern zurück, Brust raus, Bauch rein, das Kinn leicht angehoben. Die Haltung geht schon leicht in Richtung Arroganz. Die Hände sind erwartungsvol, manchmal sogar ansatzweise geballt oder Daumen und Zeigefinger sind ausgestreckt. Die gestraffte Ego-Haltung signalisiert: Achtung, hier komme ich! Dieser Mensch weiß, was er will, geht mit einem klaren Ziel und einer starken Haltung in die Verhandlung. Er wird versuchen, sich um jeden Preis durchzusetzen. Unter Umständen kann diese Haltung sogar einschüchternd wirken.

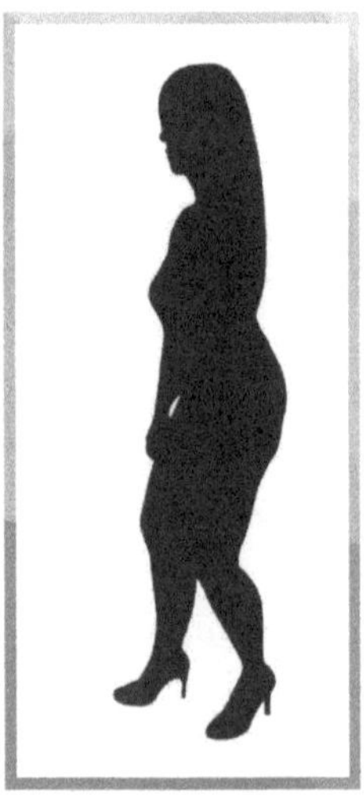

Abb. 4: Du-Haltung (stehend)

Die Du-Haltung:
Die gegenteilige Haltung ist die Du-Haltung und sieht ganz anders aus. Die Schultern sind nach unten gesackt, der Rücken leicht nach vorn gebeugt, der Gesamteindruck ein bisschen wie ein Fragezeichen. Dazu ein eher zögerlicher Gang, unsicherer Ausdruck. Aus meiner Sicht ein schwacher Gesamteindruck. Die leicht demütig anmutende Du-Haltung

strahlt aus: Ich mache alles für dich. Automatisch nimmt man diese Person in Verhandlungen weniger ernst.

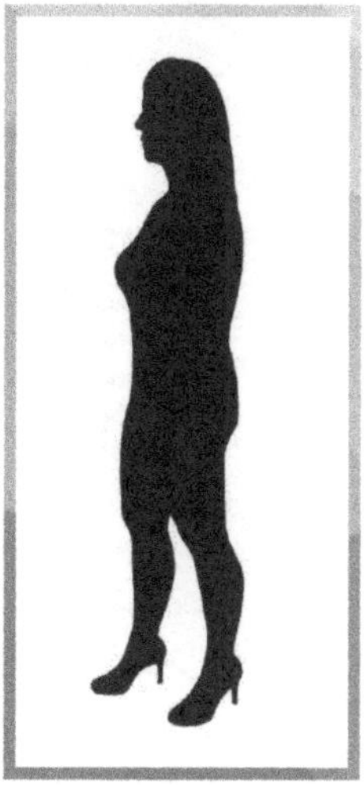

Abb. 5: Null-Haltung (stehend)

Die Null-Haltung:
Dazwischen positioniert sich die Null-Haltung, die geprägt ist von einer körperlichen Grundanspannung, einem geraden Rücken, locker herunterhängenden Armen und einer aufrechten Kopfhaltung. Der Eindruck, der entsteht, ist natürlich, angenehm, sympathisch. Wenn du jemanden so neutral und offen zu Beginn einer Verhandlung erlebst, wirst du kaum negative Vorurteile aufbauen.

Diese Haltung ist erstrebenswert. In der Null-Haltung vor Beginn, in der Pause oder während der Verhandlung dazustehen, zeugt von gesundem Selbstbewusstsein und lädt zur positiven Offenheit ein. Ein paar Tipps, wie du in diese Haltung kommst: Belaste nicht nur ein Bein, sondern verteile dein Gewicht auf beide Beine. Frauen neigen dazu, eine Hüfte auf eine Seite zu kippen. Diese Gewichtsverteilung ist nicht optimal, um den Eindruck von innerer Souveränität und Selbstbewusstsein zu erwecken. Männer stehen oft etwas breitbeinig, aber sicher da. Wenn du mit beiden Füßen gleichmäßigen Bodenkontakt hast, besitzt du Standstabilität und kann dich im wahrsten Sinne des Wortes auch eine schwierige Verhandlung nicht umhauen. Es gibt auch Menschen, die mit einem Fuß einen kleinen Schritt nach vorne gehen, um stabiler zu stehen. Das signalisiert gleichzeitig die Bereitschaft, auf dem Sprung zu sein, oder, wenn nötig, sofort in Kampfhaltung zu gehen. Sie sind gewappnet für alles, was kommen könnte.

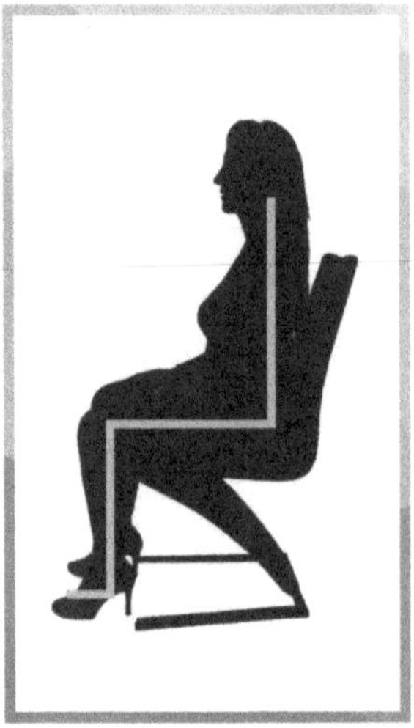

Abb. 6: Null-Haltung (sitzend)

Auch beim Sitzen gibt es eine Null-Haltung: gerade sitzend, aufrechter Rücken mit natürlicher Spannung, und die Füße auf dem Boden abgestellt. Also 3 × 90 Grad zwischen Oberkörper, Oberschenkeln, Unterschenkeln und Fußrücken.

Diese Sitzposition vermittelt tatsächlich einen anderen Eindruck als die lümmelnde Ego-Haltung. Wenn dir jemand in der Ego-Haltung gegenübersteht oder -sitzt, vielleicht auch die Hände seitlich in die Taille stemmt, wirst du dir deinen Teil denken und diese Person möglicherweise gleich in die Arroganz-Schublade stecken, anstatt dich auf ein offenes Gespräch auf Augenhöhe zu freuen.

Die drei Grundhaltungen sind generalisiert dargestellt. Mein Ziel ist es, dir eine Idee zu geben, worauf du achten darfst. Mit diesen Informationen und der eigenen Beobachtungsgabe kannst du deine Verhandlungsteilnehmenden in Zukunft auf Anhieb besser einschätzen und den Eindruck, den du auf andere machst, gezielt steuern.

2. Die Gestik

Die Gestik umfasst Bewegungen mit Händen, Armen und dem restlichen Körper. Sie spiegelt als Ausdruck der nonverbalen Kommunikation Emotionen, innere Haltungen, Reaktionen und damit verbundene Botschaften wider. Das bewusste Einsetzen der Gestik unterstreicht deine Aussagen, verstärkt Botschaften und stellt eine stärkere Verbindung zu deinem Gegenüber her. Offene Handbewegungen signalisieren Vertrauen und Offenheit, während rasche Armbewegungen Energie und Begeisterung vermitteln. Das richtige Maß entscheidet: Übertriebene Bewegungen oder zu viel Gestikulation werden als nicht authentisch oder ablenkend wahrgenommen. Möchtest du deine Worte und Botschaften damit kraftvoller machen, ohne überschwänglich zu wirken, ist es daher ratsam, natürliche, ausgewogene Gesten zu machen.

Spannend ist es, auch auf die Gestik der Gesprächsteilnehmenden zu achten, denn sie bietet Hinweise darauf, wie sie sich fühlen und innerlich auf deine Aussagen reagieren. Zum Beispiel können verschränkte Arme auf eine defensive Haltung hinweisen, während offene Gesten Interesse und Zustimmung signalisieren. Verschränkte Arme sind nicht generell als negativ zu verstehen, dies ist wieder eine Frage des Kontexts. Es kommt darauf an, ob die verschränkten Arme locker oder verkrampft sind. Im Moment des gespannten Zuhörens können locker verschränkte Arme ein ausgesprochen positives Zeichen von »Ich gebe dem anderen Raum« oder »Ich konzentriere mich auf den Inhalt« sein. Beim Argumentieren dagegen ist eine erklärende, dynamische Gestik der Hände ausdrucksstark.

Die Gestik der Hände ist faszinierend. Sie wahrzunehmen hilft dir, dein Gegenüber besser einzuschätzen. Profis lernen früh, sowohl die Handbewegungen der anderen als auch ihre eigenen bewusst einzusetzen. Dazu ist etwas Übung notwendig.

Ein Trick ist, die andere Person für einen Augenblick zu irritieren, indem deine Hände etwas anderes machen, als deine Worte sagen. Wenn ich dir zum Beispiel »Du bist jederzeit zum Kaffee willkommen« sage und dir die offene Handfläche entgegenhalte, die eigentlich »Stopp« bedeutet, sagt meine Hand genau das Gegenteil. Mit so einer Gestik-Worte-Kombination lassen sich Menschen schnell verwirren. Eine Handbewegung, die nicht freundlich ist, passt nicht zu freundlichen Worten. Was bleibt, ist Irritation. Zugegeben, das ist ein Trick aus der Dirty-Kiste, den du anwenden

Abb. 7: Stoppzeichen

kannst, wenn du jemanden aus dem Konzept bringen möchtest, dich jemand provoziert oder eine Situation eingefahren ist. Man kann diese Geste auch nur andeuten, das hat die gleiche Wirkung, nur abgeschwächt. Doch auch hier gibt es einen Augenblick lang eine verwirrte Pause. Der andere merkt: Hier stimmt etwas nicht. In dem Moment hast du die Chance, mit deiner Argumentation neu anzusetzen oder das Thema zu wechseln.

Es gibt Menschen, die machen das, wenn sie sich nicht entscheiden können, nicht die Wahrheit sprechen oder unsicher sind. Die sagen: »Ja, ja, so machen wir das.« Doch sie meinen es nicht so. Das kann man auch sehr gut an Kopfbewegungen sehen. Der Mund sagt »Ja«; der Kopf geht von rechts nach links und umgekehrt und zeigt fast unmerklich ein »Nein«. In dem Fall ist das kein Dirty Trick, sondern du kannst erkennen, dass es noch an Überzeugung oder Verständnis fehlt. Für dich ein klares Zeichen, noch einmal mit deiner Argumentation anzusetzen.

Abb. 8: Hand in Hand (Geste)

Mit Gesten lassen sich Aussagen, Argumente oder Einwände verstärken oder abschwächen. Möchtest du ein Argument bekräftigen oder durchsetzen, schlägst du die untere Kante einer ausgestreckten Hand in die andere, offene und flach ausgestreckte Hand. Das bedeutet: »Keine Diskussion. Darüber will ich nicht mehr sprechen. Genau so wird es umgesetzt!« Je nachdem, wie kräftig du das machst, unterstreicht es deine Aussage mehr oder weniger.

Das ist eine krasse Befehlsgeste. Ähnlich wie beide flache Handinnenflächen aufeinanderzuschlagen, als würdest du dir selbst Beifall klatschen. Auch das lässt keinen Raum für Einwände.

Hier eine Übung, die vor allem im Team oder auch im Umgang mit deinen Kindern zu Hause sehr spannend ist: Wenn du einen bestimmten Sachverhalt immer mit der gleichen Geste bekräftigst, merken sich das die Menschen und verstehen die Geste, schon bevor du dazu gesprochen hast. Machst du das immer wieder, wird es nicht mehr hinterfragt. Die Geste steht für einen bestimmten Inhalt oder eine Anweisung. Lehrer und Lehrerinnen zeigen oft die gleiche Geste, am Anfang noch mit der verbalen Untermalung. Irgendwann ist die Botschaft gelernt und es reicht die Geste ohne Worte, damit die Schüler verstehen, was zu tun ist. Wenn beispielsweise jedes Mal, wenn etwas prüfungsrelevant ist, die Hände zusammenfaltet werden mit den Daumen nach oben gestreckt, dann prägt sich das im Zusammenhang mit dem Hinweis »prüfungsrelevant« ein. Zunächst ist die Kombination aus Geste und Aussage notwendig. Mit der Zeit braucht es das Wort »prüfungsrelevant« nicht mehr. Die Kinder wissen: Wenn diese Geste eingesetzt wird, dann sollten sie diesen Inhalt für die nächste Prüfung lernen.

Wenn du in einer Verhandlung natürlich und authentisch wirken möchtest, lass deine Hände so oft wie möglich so, wie sie sind, und setze Handgesten sparsam ein. Wenn, dann aber klar und auf dem Punkt. Gesten, die überstrapaziert werden, verlieren an Ausdruckskraft.

Man stellt mir oft die Frage: »Ist es sinnvoll, die Hände

in die Hosentaschen zu stecken?« Meine Antwort darauf ist: Nein. Mit dieser Geste bewegst du nichts und niemanden. Es ist ein Verstecken der Hände, was einen Rückschluss auf Unsicherheit oder fehlendes Engagement zulässt.

Sogar einzelne Fingergesten haben eine Bedeutung: Ein auf mich gerichteter Zeigefinger ist dominant. Das ist unangenehm. Deutest du jedoch damit auf den Vertrag, den du und dein Geschäftspartner unterschreiben wollt, unterstreichst du die Wichtigkeit des Abschlusses oder der gerade getroffenen Vereinbarung. Wenn ein Dokument oder Vertrag wichtig ist, platziere ich die Hand darauf und unterstreiche damit die Wichtigkeit. Ich kann diese nonverbalen Zeichen als Geste ohne Worte machen oder das Ganze mit einer Kernaussage aus dem Dokument unterstreichen. Deutest du mit geöffneter Hand auf ein Dokument, vermittelt das Offenheit für andere Meinungen und Sichtweisen oder ist ein Zeichen, dass es weiteren Inputs bedarf. So eine Geste ist konstruktiv und angenehm. Es ist ein gravierender Unterschied, ob du auf etwas mit der ganzen, geöffneten Hand oder mit dem Finger zeigst. Handflächen können offen oder geschlossen sein. Offene Gesten zeigen Diskussionsbereitschaft. Geschlossen bedeutet, dass es nichts mehr zu hinterfragen gibt. Einen Preis nenne ich immer mit geschlossener Hand.

Abb. 9: Vertrag

Abb. 10: Offene Hand / Geschlossene Hand

Kopfhaltungen richtig deuten

Ein schräger Kopf macht einen schwächeren Eindruck und lässt deine Aussagen weicher wirken. Er passt nicht zu Preisverhandlungen. In privaten Verhandlungen hingegen kann er dem Gegenüber ein »Ja« entlocken, wenn du deine Aussage in charmante Worte packst. Bei Preisverhandlungen jedoch empfehle ich, den Kopf aufrecht zu halten, das stärkt die Überzeugungskraft.

Du siehst, wie du mit Körpersprache deinen Worten mehr Bedeutung und Ausdrucksstärke geben kannst. Verhandlungsprofis überlegen sich sogar schon während der Vorbereitung ihrer drei Hauptargumente, welche Gesten sie benutzen möchten, um ihre Worte kraftvoll zu unterstreichen.

Händeschütteln – ein Zeichen der Ehrerbietung

Abb. 11: Ego-Haltung (aus Sicht der linken Hand betrachtet)

Abb. 12: Null-Haltung (aus Sicht der linken Hand betrachtet)

Abb. 13: Du-Haltung (aus Sicht der linken Hand betrachtet)

Es gibt drei Varianten, bei der Begrüßung die Hand zu geben, und diese ähneln der Ego-, Null- und Du-Haltung. Wenn dir jemand die flache, ausgestreckte Hand mit dem Handrücken nach oben entgegenstreckt, ist er in der Ego-Haltung. Streckt sich dir eine aufgestellte Hand entgegen, mit der Handkante nach unten und seitlich offen, ist das die natürliche Null-Haltung. Die Hand flach nach oben geöffnet, ist ein Zeichen der demütigen Du-Haltung.

Den Händedruck kannst du lesen wie ein Buch. Sicher kennst du den Händedruck »Toter Fisch«, dieses weiche, fast schwabbelige Handberühren mit den Fingern und der vorderen Handfläche. Manchmal sogar unangenehm feucht. Welchen Eindruck hast du dabei? Wer im Business gut auftreten und erfolgreich verhandeln oder professionelle Gespräche führen möchte, braucht einen kräftigen Händedruck, um gleich präsent zu sein. Dabei sollte der Druck nicht so stark sein, dass man die Hand des anderen quetscht. Kräftige Männer sind angehalten, ihren Händedruck bei Frauen mit zarten Händen und Ringen an den Fingern entsprechend anzupassen. Hier ist Pacing und das »Sich-auf-das-Gegenüber-Einstellen« angesagt. Der Händedruck darf niemals zu einer Kraftprobe ausarten.

In Zeiten nach Corona stellt sich die Frage, ob es angebracht ist, die Hand zu geben. Manchmal kann man das gar nicht entscheiden, weil sich schon eine freundliche Hand entgegenstreckt. Bist du allerdings früh genug im Verhandlungsraum und hast deinen Platz schon eingenommen, kannst du über Nähe und Distanz entscheiden und mit deiner Körperhaltung freundlich signalisieren, was du möchtest. Händeschütteln oder nicht. Aufstehen oder Sitzenbleiben. Das, gepaart mit einem positiven Augenausdruck, zeigt: »Du bist okay, ich bin okay.« Du kannst so über körperliche Distanz entscheiden, ohne die sympathisch-menschliche Ebene zu verlassen. Mit deinen Gesten, Worten und Blicken, mit deiner Tonalität kannst du spielen, Stimmung und Intensität steuern, die Verhandlungsteilnehmenden mit an Bord holen oder sie rauskicken.

Gesten unterstreichen die Intensität deiner Worte und deines Ausdrucks: Wenn du dich hinstellst und dabei die Hände in die Taille stemmst, verschaffst du dir viel Raum. Wie viel, bestimmt das Maß der Geste: Viel Ellenbogen zu zeigen vergrößert die Machtpose, wenig verringert den Raum, den du damit einnimmst.

Welche Macht in der Haltung stecken kann, zeigt das folgende Beispiel: Eine frühere Kundin, eine eher zart gebaute Person, leitete den Rettungsdienst eines Krankenhauses. Sie kam etwas unglücklich zu mir. »Weißt du, Franziska, jedes Mal, wenn ich zu einer Unfallstelle komme, stehen die Polizisten alle so da, in ihrer Uniform.« Sie demonstrierte, wie die Männer die Fäuste in die Taille gestemmt haben. Sie nehmen bewusst sehr viel Platz ein und möchten vermutlich Dominanz und Maskulinität ausstrahlen. Sehr präsent.

»Wenn ich dann komme, meinst du, sie machen mir Platz, damit ich schneller zu den Verletzten komme? Mein Job ist mindestens so wichtig wie ihrer, wenn nicht sogar wichtiger, denn ich rette Menschenleben. Die stehen in dem Moment nur rum und betrachten die Lage. Nur weil ich so klein und feingliedrig bin, heißt das doch nicht, dass ich schwach oder unwichtig bin. Die nehmen mich gar nicht wahr.« Ich riet ihr: »Mache alles genauso wie bisher, doch bevor du zu den Verletzten gehst, stellst du dich einen Moment genauso hin wie die Männer und verschaffst dir den Überblick. Breitbeinig. Hände in die Hüften gestemmt. Lasse deinen Blick wichtig durch die Runde kreisen. Ich garantiere dir, das wirkt Wunder.« So war es dann auch: »Es funktioniert!«, jubelte sie ein paar Tage später. Heute nehmen die Polizisten ihre Präsenz wahr und schaffen sofort Platz für ihre Arbeit.

Wenn du bestimmte Gesten im Gespräch einsetzt, verleihst du deinen Argumenten eine andere Kraft. Mehr oder weniger. Je nach Situation. Reicht das gesprochene Wort nicht aus, um zu überzeugen, formulierst du das Argument in verschiedenen Versionen. Das eine Mal mit einer weicheren Körperhaltung, schrägem Kopf, langsam gesprochen, das nächste Mal in kraftvoller Ego-Haltung und klarerer Betonung, begleitet von machtvollen Gesten. Probiere die Wirkung aus.

Du ahnst sicher schon, was mit Gesten alles möglich ist. Es ist zum Beispiel auch spannend, auf die herabhängenden Arme und Hände der Menschen zu achten, wenn sie auf dich zugehen oder im Verhandlungsraum rumstehen. Auch da gibt es Varianten: In der Ego-Haltung ist der Handrücken breit nach vorn gerichtet, bei der Null-Haltung hängt die Hand seitlich locker herunter und in der Du-Haltung sind weit geöffnete Handflächen zu sehen.

Spannend ist es, auf die Finger zu schauen, wenn die Hand herunterhängt. Das lässt Rückschlüsse auf die Art des Verhandelns zu: Ist der Zeigefinger, auch Besserwisser-Finger genannt, nach unten ausgestreckt, ist dieser Mensch mit vielen Argumenten ausgestattet, ist dominant und weiß normalerweise alles etwas besser als die anderen.

Ist der Daumen, der Dominanz-Finger, nach vorne und auch gleich in deine Richtung gestreckt, hat sich die Person etwas für die Verhandlung vorgenommen und wird alles versuchen, sich durchzusetzen. Das darf man nicht unterschätzen. Unterschätzt wird man schnell, wenn man mit unterm Kinn ineinander verschränkten Händen dasitzt und freundlich schaut. Doch Achtung, das kann auch eine bewusste Tarnung sein. Wenn du dann im richtigen Moment das entscheidende Argument bringst oder klar den Preis nennst, kannst du blitzschnell deine verschränkten Hände umdrehen und mit beiden ausgestreckten Zeigefingern auf dein Gegenüber deuten, als wäre er symbolisch in deiner Schusslinie. Dann ist es so, als würdest du mit dieser Geste deine Zeigefinger wie zwei Pistolen hervorholen. Eine sehr starke Geste, denn dein Gegenüber spürt sofort, dass es wenig Sinn hat, das Gesagte zu hinterfragen.

Abb. 14: Argumente mit Körpersprache verstärken

Mit diesen kleinen Gesten kannst du dich auch in einer dominanten Runde durchsetzen. Es ist interessant, dass manche Körperhaltungen, die du zu Beginn eines Treffens bei anderen wahrnimmst, sich später im Gespräch bestätigen. Der Körper lügt nicht. Selten macht jemand so eine wie zuvor beschriebene »Tarnung«. Was aber passieren kann, ist, dass jemand in einer zaghaften Du-Haltung hereinkommt, sich dessen plötzlich bewusst wird und dann bewusst die Haltung verändert und sich der Körper strafft und aufrichtet.

Aus Erfahrung weiß ich, dass wenige Menschen die nonverbale Kommunikation aktiv einsetzen, um damit ein Gespräch zu steuern oder Argumente zu untermauern. Es ist auch nicht so einfach, wie es sich anhört, denn im Gespräch sind wir mit dem Inhalt beschäftigt, sodass man unterstreichende Gesten vor lauter Konzentration schnell vergisst. Doch je besser du dich vorbereitest, je mehr du Gesten übst, desto tiefer integrierst du nonverbale Kommunikation in deine Gesprächsführungen. Authentisch und natürlich.

3. Die Mimik

Die Mimik bezieht sich auf den Ausdruck des Gesichts, vor allem auf die Bewegungen der Gesichtsmuskulatur. Sie spiegeln unsere Emotionen und Stimmungen wider. Wie zuvor beschrieben macht eine gerade Kopfhaltung Aussagen stärker, eine schräge Kopfhaltung schwächer. Beides ist meist auch mit einem Gesichtsausdruck verbunden. Mimik zeigt Gefühle wie Freude, Überraschung, Traurigkeit, Angst oder Wut. Sie kann sowohl bewusst gesteuert werden als auch unbewusst passieren. In einer Verhandlung sind die Reaktionen auf das Gesagte und die damit verbundenen inneren Zustände interessant. Ein Lächeln und direkter Augenkontakt sind ein Zeichen von Interesse und Zustimmung, eine leicht zusammengezogene Stirn lässt auf Zweifel, Unbehagen oder Ablehnung schließen. Im Zweiergespräch ist es grundsätzlich einfacher, sich auf die Mimik des Gegenübers zu konzentrieren, als in der Gruppe mit mehreren Gesprächsteilnehmenden. Manchmal sind es nur Mikrobewegungen: ein Zucken des Mundwinkels, das sekundenschnelle Zusammenpressen der Lippen, ein winziges Hochziehen der Augenbrauen. Ehe du den Blick von der einen Person zur anderen lenkst, ist die Reaktion schon vorbei. Die Mimik ist von allen drei Ausdrucksformen am schwierigsten zu interpretieren, weil diese in Sekundenbruchteilen und meist in Kombination mit anderen Bewegungen abläuft. Es gibt Fernsehsendungen und Videos, die zeigen, wie das geht, doch darin sieht man die Mimik in Zeitlupe und konzentriert sich nur auf das Gesicht. Mimik ist eine leistungsstarke Form der nonverbalen Kommunikation.

Wenn du etwas vertraut mit Mimik bist, kannst du deine eigene bewusst einsetzen, um deinen Aussagen mehr Kraft und Dynamik zu verleihen. Passt sie zu deinen Worten, baust du eine Verbindung zu deinem Gegenüber und damit Vertrauen auf. Bei der Interpretation der Mimik gibt es ein paar Dinge, auf die es zu achten gilt. Da gibt es beispielsweise das Pokerface, das wohl jeder kennt. Da bewegt sich im Gesicht nichts, kein einziger Muskel. Nur sehr Geübte können erkennen, ob und welche Gefühle sich dahinter verbergen. Das ist kein Verstellen oder Vortäuschen, sondern das Gesicht ist einfach regungslos, wie eingefroren. Spieler machen ein Pokerface, damit ihre Mitspieler nicht erkennen, ob sie gute oder schlechte Karten haben. Profis sehen das aufgrund kleinster Mikrobewegungen und mithilfe der Augenbewegungsmuster. Pokerface ist die Königsdisziplin, um Mimik außer Gefecht zu setzen. Wenn man es kann, lässt sich das in einem Verhandlungsgespräch während der Zuhörphase anwenden. Es irritiert und kann sehr verunsichern, wenn jemand länger keine Regung im Gesicht zeigt. Man kann mit dem Pokerface auch ein Überraschungsmoment platzieren, um ein Gespräch wieder an sich zu nehmen.

Schauen wir uns einfache Varianten der Mimik an: Eine

davon sind die Augenbewegungen. Sie verraten, in welchem Wahrnehmungskanal der andere gerade unterwegs ist. Was bedeutet das? Jeder Mensch bewegt seine Augen. Ständig. Dahinter stecken bestimmte Muster, die das Neuro-Linguistische Programmieren (NLP) analysiert hat. Das habe ich schon zu Beginn des Buches vorgestellt. Wenn ich dich frage: »Welches Bild hat dir in der Ausstellung am besten gefallen?«, schaust du automatisch nach oben, tauchst in deinen *visuellen Kanal* ein und suchst in der Erinnerung das Bild, um es mir zu beschreiben. Wenn ich dich frage: »Welcher Song des Konzerts hat dir am besten gefallen?«, gehst du in deinen *auditiven Kanal.* Deine Augen gehen weder hoch noch runter, sondern bleiben auf der horizontalen Achse. Du hörst in deiner Erinnerung den Song. Wenn ich dich frage: »War es gestern Abend in der neuen Wohnung kalt oder warm?«, gehen deine Augen nach unten in den *kinästhetischen Kanal*, der mit Bewegen, Fühlen, Schmecken und Riechen zu tun hat. Anhand dieser Augenbewegungen sehe ich genau, wo du gerade in deiner Erinnerung bist.

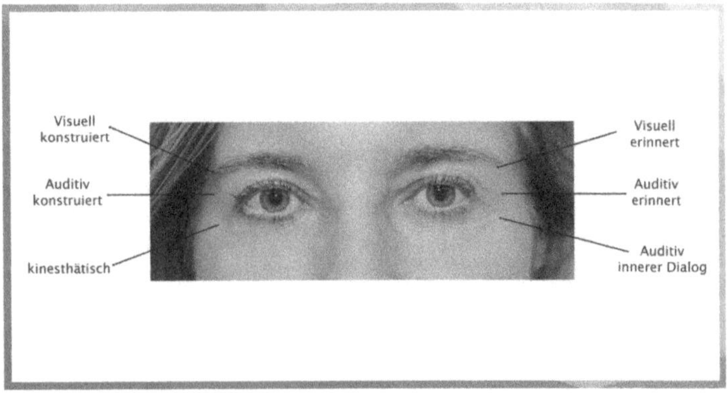

Abb. 15: Augenbewegungsmuster

Da das Bewusstsein nicht in der Lage ist, alle Reize, die bei den Sinnesorganen ankommen, aufzunehmen und zu verarbeiten, werden die Eindrücke gefiltert und unbewusst selektiert. Jeder Mensch hat in der Regel einen Kanal, mit dem er bevorzugt Informationen auf- und seine Umwelt wahrnimmt. Dies bedeutet, dass jede Person ihre Welt individuell wahrnimmt und Erinnerungen unterschiedlich speichert. Der präferierte Kanal ist anhand der Augenbewegungen, aber auch der Sprache leicht zu identifizieren. Visuelle Menschen verwenden häufig Formulierungen wie »Wenn ich das so sehe ...«, »Es zeigt sich wieder einmal ...«, »Ich stelle mir vor, die Zukunft sieht ... aus«. Auditiv-Fokussierte sagen oft »Wenn ich genau hinhöre ...«, »Das ging sang- und klanglos an mir vorbei«, »Ich bin ganz Ohr«. Kinästhetische Menschen bevorzugen Ausdrucksweisen wie »Lass uns das zusammen durchziehen«, »Das kann man auch anders empfinden«, »Ich kann's einfach nicht begreifen«.

In einer Verhandlung kannst du den favorisierten Wahrnehmungskanal deines Gesprächspartners gezielt ansprechen und ihm die Informationen sprachlich so aufbereiten, dass er sie schneller versteht. Bei visuellen Typen ist es sinnvoll, mit Flipchart oder visuellen Mitteln zu arbeiten, wenn du einen Sachverhalt verdeutlichen willst. Die Auditiven haben es gerne, wenn du ihren Inhalt mit eigenen Worten wiederholst. Das klingt wie Musik in ihren Ohren. Dazu gehört auch die inhaltliche Zusammenfassung am Ende. Das Gesagte gibt ihnen das Gefühl, dass du sie verstanden hast. Die kinästhetischen Typen wollen alles ausprobieren. Biete ihnen den Stift fürs Flipchart an, lass sie die Fakten aufschreiben oder frage, wie sie den Inhalt sinnvoll zusammenfassen würden. Das gibt ihnen das Gefühl, ein wichtiger Teil des Ganzen zu sein. Wenn du anhand von Sprache und Augenbewegungen erkennst, wo sich das Gegenüber »bewegt«, kannst du andere Menschen besser abholen. Sender und Empfänger sind damit schneller auf der gleichen Linie und verstehen sich besser.

Was gibt es zur Mimik noch zu wissen? Ein elementarer Teil des Gesichts sind die Augenbrauen. Sie gehen schnell hoch, wenn ich überrascht bin oder mich erschrecke. Wenn sie langsam hochgehen und oben bleiben, dann ist das ein Zeichen von Interesse: »Ich öffne mich innerlich für das, was du sagst, weil es mich interessiert.« Nimmst du diese zustimmende Augenbrauenbewegung wahr, bist du auf Sendung und kannst dich auf die wichtigen Verhandlungspunkte konzentrieren. Dein Gegenüber ist ganz Ohr und hängt dir an den Lippen. Platziere deine Hauptargumente, denn dieser Moment signalisiert den perfekten Zeitpunkt für maximale Aufmerksamkeit.

Online-Kommunikation – macht das einen Unterschied?

Ich habe dir die wichtigsten Aspekte der nonverbalen Kommunikation gezeigt, und dabei bin ich von Präsenz-Meetings ausgegangen. Je wichtiger eine Verhandlung, desto wichtiger ist es, dass man sich persönlich trifft. Du könntest nun fragen: »Wann ist eine Verhandlung wichtig?« Das ist abhängig von den drohenden Konsequenzen bei einem schlechten Verhandlungsergebnis. Sind mögliche negative Folgen schwerwiegend, empfehle ich umso mehr eine Verhandlung in Präsenz. Doch wie ist es in Online-Verhandlungen? Welche Rolle spielen da Haltung, Gestik und Mimik?

Nachfolgend zeige ich wesentliche Unterschiede zwischen Offline- und Online-Kommunikation.

In der *Offline-Kommunikation* ist es einfach, nonverbale Signale reichhaltig und nuanciert wahrzunehmen. Sie ergänzen die gesprochenen Worte und tragen zu Interpretation und

Verständigung bei. Die sichtbare Körpersprache und die hörbare Stimme sind in tiefer Verbindung und Basis der Kommunikation. Online sieht das etwas anders aus. Kommunizieren wir per Video, können wir die nonverbalen Signale nur eingeschränkt wahrnehmen oder sehen sie gar nicht. Die visuelle Wahrnehmung ist stark begrenzt, Gestik und Körperhaltung nur teilweise sichtbar und die Stimme kann durch technische Einschränkungen verzerrt sein. Dennoch gibt es auch online nonverbale Elemente, die man gut beobachten oder gezielt als kraftvolle Unterstützung der eigenen Beiträge einsetzen kann. Es ist wichtig, die Unterschiede zwischen Offline- und Online-Kommunikation zu verstehen, um online effektiver kommunizieren zu können. Online treten leichter Missverständnisse auf, weil man den Menschen nicht im Gesamten vor sich hat, sondern nur den Oberkörper. Vieles der Körpersprache geht verloren, darum ist es umso wichtiger, durch Wortwahl und klare und präzise Formulierungen aufmerksames Zuhören und gezieltes Nachfragen sicherzustellen, dass Botschaften richtig verstanden wurden.

Im Prinzip lassen sich jedoch wesentliche Dinge auf *Online-Verhandlungen* übertragen: Haltung, Gestik, Mimik sind grundsätzlich nicht anders, nur reduziert, weil man in einem Online-Meeting nur einen Teil des Oberkörpers und alles nur zweidimensional sieht. Die gustatorische (schmecken) und olfaktorische (riechen) Wahrnehmung fallen weg, und auch das Einschätzen der gesamten Physiognomie, wie Körpergröße und die Art zu gehen, ist nicht möglich.

Dennoch ist nonverbale Kommunikation auch online spannend: Du kannst stehen, sitzen, dich bewegen. Kopf, Gesicht und Augen sind mehr im Fokus, weil die Kamera nah ist. Ich persönlich finde es gut, wenn jemand auch mit den Händen gestikuliert, denn das bringt mehr Dynamik ins Gespräch. Nutzt du den Platz im Bild optimal aus? Ein gutes Maß ist, wenn die Schultern etwa die Hälfte des Bildschirms einnehmen. Dazu braucht man einen näheren Abstand zur

Kamera. Nicht zu weit. Nicht zu nah. Zu nah ist, wenn man nur noch den Kopf, nicht mehr aber den Hals und einen Teil des Oberkörpers sieht.

In meinen Augen ist die *Technik* wichtig: Wie gut ist deine Kamera? Wie gut ist die Beleuchtung? Ist das Internet störungsfrei? Ein schlechtes Mikrofon verzerrt den Ton. Du siehst, welchen Einfluss die Technik auf Online-Verhandlungen hat. Ein weiterer Aspekt dieser Art von Verhandlungen, den es zu beachten gilt, ist, dass sie verhindert, dass wir unserem Gegenüber direkt in die Augen schauen können. Wohin schaust du, wenn du am Bildschirm bist? Du schaust vermeintlich in die Augen des Gegenübers, doch in Wirklichkeit schaust du mittig auf den Bildschirm. Wolltest du jemandem in die Augen schauen, müsstest du oben in die Kamera sehen. Doch tust du das, hast du keinen Überblick mehr, was auf dem Bildschirm passiert. Also rutscht dein Blick automatisch immer wieder auf die Mitte des Bildschirms zurück. Damit geht online etwas verloren, was offline ein wesentlicher Aspekt der nonverbalen Kommunikation ist: der direkte Augenkontakt. Vielleicht ist das auch der Grund, warum viele Menschen bei Online-Gesprächen weniger aufmerksam sind und nebenbei noch andere Dinge machen: E-Mails checken, schnell noch eine Nachricht schreiben oder nebenbei googeln. Man glaubt, das fällt nicht auf, doch genau das Gegenteil ist der Fall. Die Augenbewegungen verraten einen, beispielsweise beim Lesen von E-Mails, wenn der Blick von links nach rechts wandert.

Wer eine Brille trägt, steht in der Pflicht, das frontal einfallende Licht so einzustellen, dass es sich nicht in der Brille spiegelt. Das irritiert. Bei wichtigen Verhandlungen könntest du überlegen, Kontaktlinsen zu tragen, damit dein Gesicht unmittelbarer zu sehen ist.

»Sehen« ist ein Stichwort, das ich auch ansprechen möchte. Eine Online-Unsitte ist, nicht zu sehen zu sein, seine Kamera auszuschalten. Das ist ein No-Go bei Verhandlungen. Willst du dich nicht zeigen, solltest du stattdessen lieber telefonieren. Das wäre eine gute Alternative und besser, als die andere Verhandlungspartei in ein schwarzes Loch mit deinem Namen sehen zu lassen.

Der große Vorteil von Videocalls ist das lebendige Bild des Gegenübers. Es ist ein Zeichen der Wertschätzung, sichtbar und präsent zu sein. Wenn man für kritische Verhandlungen mit schwierigen Themen zwischen on- oder offline wählen kann, dann ist dem persönlichen Treffen Vorrang zu geben. Hybride Meetings sind zwar im Moment aktuell, doch weder einfach noch effektiv. Man kann einfach bei Online-Verhandlungen nicht alle Verhandlungstechniken einsetzen, die ich in diesem Buch vorgestellt habe. Das ist schade und schränkt die eigenen Möglichkeiten deutlich ein. Ob und wie sehr die Qualität der Ergebnisse darunter leidet, wird sich erst später zeigen.

Zum Schluss habe ich drei Geheimtipps, die dabei helfen, dass Online-Verhandlungen erfolgreich werden.

17. Tipp: Bring Bewegung rein!

Mehr Bewegung vor der Kamera! Wir sitzen da, hören zu, argumentieren und sprechen. Oft bewegungslos. Ich finde, Menschen bewegen sich vor der Kamera viel zu wenig. Wenn man lange in der Sitzposition verharrt und sich am Bildschirm nichts tut, werden Meetings schnell langweilig. Das geht auf Kosten der Konzentration. Einzelne Inhalte nimmt man unstrukturiert wahr oder bruchstückhaft auf. Der Gesamtzusammenhang geht verloren und manchmal wird der Eindruck geweckt, dass alles gleich wichtig ist. Ist es verwunderlich, dass manche Teilnehmer dann heimlich zu den Sozialmedien wie Facebook und Co. wechseln und nebenbei dort rumstöbern?

Neben Gesten gibt es auch die Möglichkeit, zwischen unterschiedlichen Körperhaltungen zu wechseln, um Dynamik ins Spiel zu bringen.

Wechsle aktiv zwischen entspannter Haltung und stabil-aufrechter Haltung. Auch das bringt Spannung in eine Online-Sitzung. Wenn du verstehst, wie du beim Sitzen von einer lockeren, entspannten Haltung im richtigen Moment zu einer stabilen, aufrechten Haltung wechseln kannst, bist du in der Lage, Menschen auch online über einen längeren Zeitraum in den Bann zu ziehen. Eine entspannte Haltung kannst du beim Zuhören oder beim Smalltalk einnehmen; eine stabile, aufrechte Haltung macht deine Argumentation ausdrucksstärker. Bewege deine Hände im Gespräch intuitiv, anstatt an etwas festzuhalten oder sie ständig auf der Tastatur liegen zu lassen.

18. Tipp: Mach dich sichtbar!

Zeige mehr von dir! Ist im Bild nur der Kopf des Gegenübers zu sehen, fehlt ein Teil des Menschen für die ganzheitliche Wahrnehmung. Justiere deinen Bildausschnitt so, dass du mindestens bis unter die Brust zu sehen bist. Dann kannst du deine Gestik mit den Händen und auch mit dem Oberkörper einsetzen. Gestik schafft schnelles, natürliches Vertrauen und eine bessere Dynamik. Stell dich selbst ab und zu ins Rampenlicht, vergrößere deine Bildansicht, wenn du sprichst, und verharre nicht zu lange im Präsentationsmodus, also im Modus, den Bildschirm zu teilen.

CHECKLISTE WÄHREND DER VERHANDLUNG (ONLINE UND OFFLINE)

Diese Checkliste bezieht sich nicht ausschließlich auf nonverbale Kommunikation. Es sind Fragen, die du dir während der gesamten Verhandlung immer wieder ins Gedächtnis rufen darfst. Nimm sie als Kompass, um dein Ziel nicht aus den Augen zu verlieren.

- ✓ Haben wir das Thema, das Ziel konkret festgelegt?
- ✓ Gibt es etwas zum Vorgehen oder Spielregeln zu erwähnen?
- ✓ Bin ich mit dem Verlauf zufrieden?
- ✓ Sind wir noch beim Thema?
- ✓ Arbeiten wir auf das Ziel hin?
- ✓ Bei Störungen: Was stört mich?
- ✓ Haben wir alle Tagespunkte erledigt?
- ✓ Erreichen wir das Ziel?
- ✓ Welche folgenden Schritte müssen besprochen werden?

KAPITEL 9

GELUNGENER ABSCHLUSS

Wir haben alle wichtigen Punkte für erfolgreiche Verhandlungen beleuchtet: Vorbereitung, Fragetechniken, Argumentationstechniken, Einwandbehandlung, nonverbale Kommunikation. Nun ist es an der Zeit, sich anzusehen, wie du das Ende gestalten kannst. Wann und wie gehen die Verhandlungsteilnehmenden auseinander? Wie läuft die Verabschiedung ab? Wie sieht eine professionelle Nachbereitung aus?

Bevor alle aufstehen und auseinandergehen, sollte es sinnvollerweise eine Zusammenfassung geben. Die rundet das Gespräch ab und stellt gleichzeitig sicher, dass alle auf dem gleichen Verständnisniveau sind. Idealerweise fasst man Gesprächsinhalte zweimal zusammen:

1. Mündlich, am Ende der Verhandlung.
2. Schriftlich, als Nachbereitung, verschickt als E-Mail an alle Verhandlungsteilnehmenden und Entscheidungstragenden. Darin ist auch eine Kurzfassung mit den wichtigsten Eckdaten enthalten.

Verbalisierter Überblick – Struktur auf der Zielgeraden

Noch sitzen alle am Tisch. Es sind für beide Parteien zufriedenstellende Einigungen erzielt worden. Die Stimmung ist positiv, alles scheint gesagt. Bevor das Stühlerücken und Aufstehen beginnt, braucht es einen Abschluss. Einen Deckel auf dem Topf, in dem eine gute Suppe gekocht wurde. Es ist wichtig, mündlich die inhaltlichen Punkte komprimiert und reduziert auf das Wesentliche zusammenzufassen. Bist du in der gesprächsleitenden Position, ist es deine Aufgabe, das zu tun. Die Zusammenfassung ist elementar und gleichzeitig ein Kontrollelement, um Klarheit zu schaffen und sicherzustellen, dass alle Parteien auf dem gleichen Stand sind. Du kannst gezielt die wichtigsten Punkte hervorheben, das vermeidet Missverständnisse. Danach lässt sich die Verhandlung final in die Zielgerade führen. Wenn es im Gespräch viele kleine Punkte gab, raffe sie mit kurzen Schlagworten zusammen: »Wir haben heute besprochen: Punkt eins, Punkt zwei und Punkt drei.« Fertig. Waren die Themen umfangreicher, kannst du jeden mit wenigen Sätzen auf den Punkt bringen. An der Reaktion siehst du, ob alle einverstanden und mit dem Ergebnis zufrieden sind. Wenn nicht, ist hier die letzte Möglichkeit, noch etwas anzupassen und eine weitere Runde zu drehen, um Argumente vorzubringen und Einwände zu behandeln. Am Ende sollten alle die Ergebnisse und das weitere Vorgehen bejahen.

Eine sorgfältige mündliche Zusammenfassung unterstützt die Transparenz und trägt dazu bei, dass die Verhandlungsergebnisse erfolgreich umgesetzt werden können. Ich empfehle, bei der gesprochenen Zusammenfassung in der Dreierstruktur zu bleiben, um dich kurz zu fassen und dabei auf die Kernaussagen zu fokussieren. Für das menschliche Gehirn ist die Merkfähigkeit mit der Dreierstruktur optimal. Denke an das Beispiel mit dem Restaurant. Du greifst die drei – für dich – wichtigsten Dinge heraus und es obliegt dir, das wegzulassen, worauf deiner Meinung nach kein Fokus gelegt werden soll. Mit der Zusammenfassung gibst du dem Gespräch final Struktur. Welche, liegt in diesem Moment in deinen Händen, denn mit Auswahl und Reihenfolge kannst du Prioritäten setzen. Denke daran, dass der erste und der letzte Punkt im Gedächtnis bleiben, der mittlere geht im Langzeitgedächtnis verloren. Auch das darf in deiner Zusammenfassung berücksichtigt sein.

Warum das alles? Jeder von uns hat es erlebt, dass Beschlüsse und Aufträge nicht oder nicht rechtzeitig umgesetzt wurden. In der Regel sitzen kompetente und ausgesuchte Menschen in Verhandlungen, jedoch sind die meisten von ihnen heutzutage überflutet mit Informationen, Aufträgen, Zielen, guten Vorsätzen oder täglichen To-dos. Da passiert das ein oder andere Versäumnis.

Was tust du, wenn am Ende der Verhandlung plötzlich ein neuer Einwand oder gar ein »Nein« zu den Ergebnissen auftaucht? Das gilt es sofort zu klären. Wenn es allerdings ein straffes Zeitfenster für diese Sitzung gibt, wird das schwierig. Das bedeutet, die Klärung wird auf eine nächste Verhandlung verschoben oder Bestandteil der schriftlichen Nachbereitung. Besser wäre es, sich gleich Zeit zu nehmen, um es zu klären. Um für einen solchen Fall gewappnet zu sein, würde ich persönlich niemals einen Verhandlungstermin kurz vor Mittag oder kurz vor Feierabend legen. Denke also schon bei der Vorbereitung daran, entweder ein großzügiges Zeitfenster zu wählen oder dafür zu sorgen, dass noch Raum zum Verlängern da ist. Alles eine Frage der Organisation.

Ein guter Schachzug ist es, in der Schlussphase die gemeinsamen Ziele, die man sich zu Beginn der Sitzung gesteckt hat, noch einmal zu benennen: »Haben wir erreicht, was wir uns am Anfang vorgenommen haben?« Das ist eine hervorragende Möglichkeit, die Ergebnisse als etwas gemeinsam Erreichtes positiv in den Fokus zu rücken. Jeder liebt es, Ziele zu erreichen, und in diesem Moment wirkt das für jeden ähnlich wie der Applaus für Schauspielende, bevor sie die Bühne verlassen. Es schafft eine positive Brücke für die nächsten gemeinsamen Schritte, sei es die Durchführung eines Auftrags, eine Projektzusammenarbeit oder eine nächste Verhandlungssitzung. Es wird eine positive Basis gelegt. Falls die Verhandlungsziele nicht erreicht wurden, dann empfiehlt es sich, einen Vorschlag mit Maßnahmen zu machen und für das weitere Vorgehen eine klare Strategie festzulegen. Auch das im konstruktiv-positiven Sinne, denn es ist wichtig, dass alle mit einem guten Gefühl gehen und nicht in dem Bewusstsein, dass man etwas nicht geschafft hat.

Auf den letzten Metern – Übergang zur Verabschiedung

Zusammenfassung und Verabschiedung lassen sich nicht klar trennen. Nach der mündlichen Zusammenfassung der Inhalte sollten nun das weitere Vorgehen und die nächsten Schritte konkret skizziert, ein Zeitplan gemacht, der nächste Termin fixiert werden. Außerdem darf man eine klare Aufgabenverteilung nicht vergessen. Niemand sollte den Raum verlassen, ohne zu wissen, wie es weitergeht und was zu tun ist. Das festzulegen signalisiert, dass es gezielte Aktivitäten gibt, die später eingehalten werden müssen. Es wird klargemacht: Ohne Tun gibt es keinen Erfolg. Darum ist es sinnvoll, alle nach der Verhandlung ins Tun zu bringen. Nach der Verhandlung ist vor der Verhandlung. Früher hat man die getroffenen Vereinbarungen am Schluss mit dem Handschlag besiegelt. Das ist leider etwas aus der Mode gekommen. Doch die Idee gilt immer noch.

Vor Verträgen oder großen Auftragsbestätigungen empfehle ich, diese zu bejahen, wenn du einverstanden bist, aber mit der Unterschrift wenn möglich noch etwas abzuwarten. Hier muss es Zeit geben, um auch das Kleingedruckte zu lesen. Dies kannst du zum Beispiel so einleiten: »Das Kleingedruckte und die AGB möchte ich mir in Ruhe durchlesen, deswegen sende ich Ihnen das unterschriebene Dokument bis Freitag zu.«

Nun, wo alle Punkte geklärt und zusammengefasst wurden und alle Gesprächsteilnehmenden bereit sind, die Verhandlung zu beenden, ist der Zeitpunkt gekommen, um die Zufriedenheit abzufragen. Eine kurze Runde der Reflexion. Mit den folgenden vier Fragen bekommst du einen guten Eindruck von der Stimmung aller Verhandlungsteilnehmenden:

1. »Gibt es etwas, das für Sie noch unklar ist?«
2. »Gibt es einen Punkt, bei dem Sie noch ein ungutes Gefühl haben?«
3. »Was hätten wir mit weniger Aufwand schneller erreichen können?«
4. »Wie haben Sie die Gesprächsatmosphäre empfunden?«

Klar ist, dass es nur sinnvoll ist, die Fragen zu stellen, wenn du tatsächlich das Gefühl hast, dass alles geklärt ist und alle zufrieden sind. Sie bergen ein gewisses Gefahrenpotenzial in sich, dass trotz Abschluss und Zusammenfassung die Diskussion wieder in Gang kommt und Unklarheiten diskutiert werden. Ziel ist es, mit der Reflexion die gemeinsame Zufriedenheit verbal zu dokumentieren.

Last, but not least: Wenn alle bereit sind, den Raum zu verlassen, ist der letzte Eindruck bei jeder einzelnen Person ebenso wichtig wie der erste, denn der bleibt im Gedächtnis. Ich vertraue in diesem Moment wieder auf die zu Beginn beschriebene 3 × 10-Formel: Blickkontakt, Worte, Körperhaltung. So, wie der erste Eindruck bei einer Begegnung den

Einstieg in die Verhandlung und deren Qualität bestimmt, behalten alle den letzten im Langzeitgedächtnis. Hoffentlich positiv!

Das Diamanten-Prinzip – Netzwerk stärken

Ich nutze die letzten Minuten des Meetings, um die Ergebnisse der Verhandlung noch breiter aufzustellen und die Anzahl der relevanten Kontakte in diesem Unternehmen zu erweitern oder zu stärken. Natürlich habe ich bei den Vorbereitungen darüber nachgedacht oder abgefragt, wer die Entscheidungstragenden sind. Manchmal gibt es aber auch noch andere Personen, die im Verteiler der Nachbereitungs-E-Mail sein dürfen. Je nachdem, in welchem Business du bist, ist es am Ende einer Verhandlung sinnvoll, hier das volle Potenzial auszunutzen und dein eigenes Netzwerk auszubauen.

Was ist, wenn dein Gegenüber, deine Kundin, dein Lieferant, deine Vertriebsverantwortliche plötzlich nicht mehr da ist, weil er oder sie intern die Position gewechselt hat, auf der Karriereleiter auf- oder abgestiegen ist oder das Unternehmen verlassen hat? Sie oder er ist nicht mehr verfügbar und damit ist vieles von dem, was ihr besprochen, verhandelt, manchmal auch vereinbart habt, hinfällig. Die folgende Grafik demonstriert diese Konstellation.

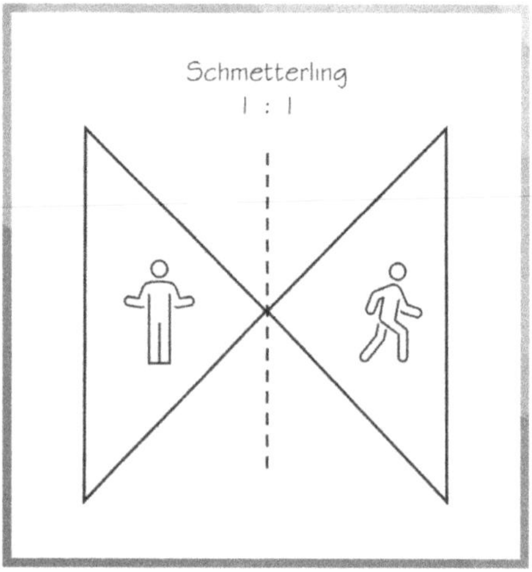

Abb. 16: Prinzip Schmetterling

Im Schmetterling hältst du hauptsächlich Kontakt zu einer wichtigen Verhandlungsperson in diesem Unternehmen. Das steht für die 1 : 1-Beziehung.

Gehst du beim Pflegen deiner Beziehungen jedoch nach dem Prinzip des Diamanten vor, sind auf beiden Seiten einer Geschäftsbeziehung mehrere Personen beteiligt.

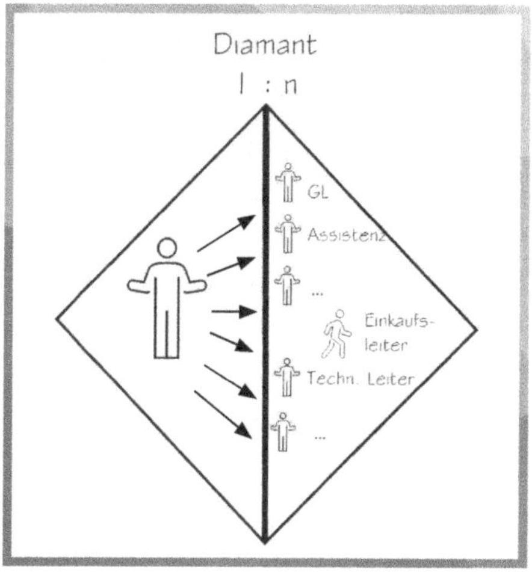

Abb. 17: Prinzip Diamant

Nähre die Diamanten, nicht die Schmetterlinge.

Frage dich: »Welche Kontakte hat meine Ansprechperson in ihrem Arbeitsumfeld?« Stelle dich breiter auf. Ich persönlich habe mir angewöhnt, vom ersten Moment einer Zusammenarbeit mit einem Unternehmen möglichst viele Kontakte aufzubauen. Das kann eine Person aus dem Einkauf, jemand aus der Geschäftsleitung, der Buchhaltung, der Technik oder aus dem Vertrieb sein. Es entsteht ein buntes, kleines Netzwerk innerhalb der Firma. Wenn dann die verantwortliche Ansprechperson weggeht und als Kontaktstelle wegbricht, fange ich nicht wieder bei null an, sondern richte mich an andere, die in das Thema involviert sind. Das nenne ich »Diamanten aufbauen«. Die relevanten zusätzlichen Kontakte bekommen nach einer Verhandlung auch die E-Mail mit der Zusammenfassung, sodass auch sie über den Vorgang und vereinbarte Ergebnisse informiert sind.

Meiner Meinung nach ist es vorausschauend, wenn du dein Netzwerk auf diese Weise gezielt aufbaust. Das nützt allen und spart Zeit und Ressourcen. Die Schlussphase einer Verhandlung ist eine perfekte Gelegenheit, deine Diamanten aufzubauen und zu stärken. In einer Datenbank sind Diamanten mehr wert als Schmetterlinge. Du kannst zu der anderen Verhandlungspartei beispielsweise sagen: »Wir zwei haben das und das besprochen und diese Ergebnisse erreicht. Sind Sie einverstanden, wenn ich meine Zusammenfassung per E-Mail auch an Ihre Kollegen schicke? Dann informieren wir diese gleich mit, das spart uns Zeit.« Zu den Aktivitäten »Diamanten stärken« gehört es auch, herzliche Grüße an ein Teammitglied auszurichten oder nach der Verhandlung in dessen Büro für ein kurzes »Hallo« vorbeizuschauen.

Die Verabschiedung – das offizielle Ende

Schließlich ist alles gesagt. Inhaltlich ist die Verhandlung abgeschlossen. Das bedeutet Aufstehen, Händeschütteln, den Raum verlassen. Nun gilt es, die Balance zu finden: Wie viel Smalltalk braucht es noch? Wie schnell kannst du gehen, ohne unhöflich zu sein? Ist es sinnvoll, sich danach noch auf einen Kaffee zu treffen oder bei einem gemeinsamen Essen die Ergebnisse zu feiern? Manche Verhandlungsteilnehmende sind froh, wenn sie sich schnell verabschieden können, andere finden kein Ende. Meine Erfahrung ist: je intensiver die Verhandlung, desto weniger klar das offizielle Ende.

Sollte nach der eigentlichen Verhandlung noch etwas geplant sein, wäre ein Szenenwechsel in jedem Fall gut, um aus der Energie der Verhandlung herauszutreten. Wenn du anschließend ein Essen vereinbart hast, ist es überlegenswert, sich einen Moment zurückzuziehen, runterzukommen und erst eine Stunde später im Restaurant zu erscheinen. Warum?

Stell dir vor, du bist in einem Konzert. Es ist grandios, die Band schafft es, das Publikum zu begeistern. Alle verlassen den Saal mit dieser verzauberten Energie. Sie schwingt noch Stunden, manchmal sogar Tage nach. Bei einer intensiven Verhandlung kann Ähnliches passieren. Mit derselben Energie ins Restaurant zu gehen und über das gleiche Thema weiterzureden, wäre kontraproduktiv. So wie die Konzert-Location ihre Türen schließt, sollte auch jede Verhandlung am Schluss tatsächlich zu Ende sein. Dazu braucht es eine zeitliche und räumliche Pause, sodass alle wieder bei sich selbst ankommen können. Passiert das nicht, kann es sein, dass nachträglich weiterverhandelt und das Erreichte über den Haufen geworfen wird.

Es ist folglich sinnvoll, keine Endlosschleife aus der Verhandlung zu machen, denn es gibt Menschen, denen erst hinterher einfällt, was sie noch alles hätten sagen oder einbringen können. Doch wenn die Verhandlungszeit vorbei ist, ist sie vorbei.

Wenn du mit Nachverhandeln schlechte Erfahrungen gemacht hast, darfst du das zu Beginn der Sitzung gerne sagen. Beispielsweise wie folgt: »Ich schätze mich als gute und faire Verhandlungspartei ein. Jedoch ist mir kürzlich passiert, dass man danach elementare Vereinbarungen über den Haufen geworfen und geändert hat. Um sicherzustellen, dass uns das nicht passiert, machen wir am Schluss gemeinsam eine Zusammenfassung und halten schriftlich fest, was wir beschlossen haben. Sind Sie damit einverstanden?« Damit tritt das Problem erst gar nicht auf.

Schriftliche Zusammenfassung – die perfekte Abrundung

Anders als bei der mündlichen Zusammenfassung wird die schriftliche erst nach der Verabschiedung verfasst und ist Bestandteil der Nachbereitung. Ergebnisse und Vereinbarungen kannst du noch einmal präzise benennen und jeden besprochenen Punkt noch mal aufführen. Falls es noch Unklarheiten gibt, bekommen diese ein Datum und eine Verantwortlichkeit, damit transparent wird, wer was bis wann klärt, damit nichts Wesentliches übersehen wird. Die Zusammenfassung ist Referenz für die nächsten Schritte und Entscheidungen. Am Ende sind für jeden die To-dos aufgelistet.

Die Macht der Zusammenfassung wird oft unterschätzt. Nur wenige sind sich darüber im Klaren, wie man damit priorisieren, Ergebnisse ins rechte Licht rücken und sich als kompetente Verhandlungspartei positionieren kann. Daher empfehle ich dir, insbesondere wenn du bisher gesprächsführend agiert hast, auch diese Aufgabe zu übernehmen.

Wenn es jemand anders machen möchte, gibt es zwei Möglichkeiten: 1. Du machst noch einmal explizit das Angebot, es zu übernehmen. 2. Du lässt diese Person diese Aufgabe übernehmen und bietest an, sie mit deinen Gedanken zu ergänzen. Das heißt, du verlierst nicht die Möglichkeit, deine Prioritäten zu steuern. Die andere Person wird sich Mühe geben müssen, denn wenn dir etwas nicht passt, weiß sie, dass du das mit deinen Ergänzungen oder Anpassungen änderst.

Die Zusammenfassung sollte zeitnah mit ein paar dankenden Worten an die Verhandlungsteilnehmenden, die involviert sind, versendet werden. Manchmal wird mir die Frage gestellt, ob ich meine Gesprächsnotizen als Basis für die Zusammenfassung teilen würde. Das mache ich prinzipiell gerne, allerdings niemals in der laufenden Sitzung. Selbst dann nicht, wenn ich alles perfekt mitgeschrieben habe. Mein Anspruch ist, sie in Ruhe durchzugehen, zu überdenken, zu ergänzen oder etwas zu streichen, bevor ich sie aus der Hand gebe.

Wie sollte die Zusammenfassung aussehen? Schriftlich kannst du alle besprochenen Punkte und Ergebnisse aufführen und musst dich nicht, wie bei mündlichen Resümees, auf drei beschränken. Beim Lesen können sich alle konzentrieren. Da gilt das Dreierprinzip nicht. Dennoch brauchst du nicht zwingend alle Punkte aufführen und kannst weglassen, was deiner Meinung nach irrelevant ist. Mit bewusstem oder unbewusstem »Nicht-Erwähnen« steuerst du wiederum deine Prioritäten. Wenn die Gegenseite während der Verhandlung angemerkt hat: »Uns nerven die Lieferverzögerungen!«, dann kannst du in der Zusammenfassung erwähnen: »Zuverlässigkeit ist uns allen wichtig!« Damit schwächst du die Beschwerde ab und übernimmst den Vorsatz »Zuverlässigkeit« nicht nur die Lieferungen, sondern die gesamte Zusammenarbeit betreffend.

Die Anfangs- und Schlusspassagen werden mehr gelesen als der Mittelteil. Das bedeutet, dass du mithilfe der Reihenfolge die Wichtigkeit betonen kannst. Ob die Empfangenden nach Erhalt die Initiative ergreifen und noch etwas ergänzen, ist ihre Entscheidung.

Eine schriftliche, qualitative Zusammenfassung sehe ich persönlich als perfekte Abrundung. Sie vermittelt allen Gesprächsteilnehmenden ein positives Gefühl. Im Idealfall das Gefühl, alles erreicht zu haben, was man sich vorgenommen hat. Sie ist in meinen Augen aber ebenso die letzte Gelegenheit, um zu überprüfen, ob das, was gesagt wurde, auch gehört und verstanden wurde. Mit der Zusammenfassung als Nacharbeit stellst du noch einmal sicher, dass beide Seiten das Gleiche aus der Sitzung mitnehmen.

CHECKLISTE FÜR DIE NACHBEREITUNG

Ich empfehle dir, die Notizen, die wir während der Verhandlung gemacht haben, erst zu teilen, wenn diese in Form einer Zusammenfassung aufgearbeitet sind. Es gibt noch einen Punkt, der mir persönlich am Herzen liegt und der oft vergessen wird: die eigene Gesprächsreflexion. Diese sollte idealerweise stattfinden, wenn du wieder im Auto sitzt oder zurück im Büro bist. Warum ist die wichtig? Eine Nachreflexion ist ein Maßstab nur für dich selbst. Sie muss mit niemandem geteilt werden und dient allein deinem Lernen und Besser-werden-Wollen.
Am einfachsten geht es mit diesen Fragen:

- ✓ Habe ich erreicht, was ich wollte?
- ✓ Bin ich zufrieden mit der Verhandlung?
- ✓ Bin ich zufrieden mit meinem Verhalten?
- ✓ Was würde ich beim nächsten Mal anders machen?
- ✓ Was habe ich aus der Vorbereitung übernommen?
- ✓ Was habe ich spontan während der Verhandlung entwickelt?
- ✓ Was wäre vorhersehbar gewesen?
- ✓ Was hätte ich noch besser vorbereiten können?
- ✓ Was denken die Verhandlungsteilnehmenden über mich beziehungsweise über die Verhandlung?

Mithilfe der Reflexion trennst du Verhandlungsinhalt von deinem Verhandlungsverhalten. Es ist lehrreich, sich das Fachliche und die Sozialkompetenz separat anzusehen. Ob du die Fragen in Gedanken oder schriftlich beantwortest, bleibt dir überlassen. Wichtig ist, sich dessen bewusst zu werden und die Erkenntnisse in die nächste Verhandlungssituation mitzunehmen.

Jede Reflexion verbessert die eigene Verhandlungskompetenz, das garantiere ich. Das gilt vor allem für solche Verhandlungen, die sich laufend wiederholen: Gehalts- und Mitarbeitergespräche, Verhandlungen um Auftragsvergaben – um nur einige zu nennen. Geschäftsführende, Einkaufsleitende, Verkaufsleiter und Verkaufsleiterinnen und die Personalführung sind in der Situation, dauernd ähnlich ablaufende Gespräche zu führen. Je besser sie den Inhalt im Griff haben, desto mehr können sie sich auf die Menschen und ihr Anliegen konzentrieren.

DER SCHATZ IN DEINER HAND

Die vorangegangenen Kapitel haben gezeigt, dass Verhandlungen ein viel größeres Potenzial haben, als man auf den ersten Blick vermuten würde. Du bist tief in die verschiedenen Phasen des Verhandelns eingetaucht: von der oft unterschätzten Vorbereitung über das spannungsgeladene Verhandlungsgespräch, bei dem jedes Detail zählt, bis hin zur professionellen Nachbereitung, deren Möglichkeiten weit über das hinausgehen, was man allgemein annimmt. Mein Ziel war es, diese drei Phasen gründlich zu durchleuchten und alle entscheidenden Aspekte herauszuarbeiten, um dir anschließend praxisnahe, nachvollziehbare und konkrete Anregungen zu geben, die du direkt umsetzen kannst.

Aus meiner Erfahrung weiß ich, dass man, wenn man in eine Verhandlung geht, einfache, umsetzbare Strategien braucht, um das Ziel zu erreichen. Mein Ansatz ist es, langfristig akzeptable Ergebnisse für beide Seiten zu erzielen. Nur so können Win-win-Situationen entstehen. Nimm meine Erfahrungen als Basis für deine zukünftigen Verhandlungen. Dies können Gespräche mit der Kundschaft, Mitarbeitenden oder der Geschäftsführung sein. Wir verhandeln auch im privaten Bereich täglich mit dem Herzensmensch, den Kindern, den Eltern oder im Freundeskreis. Das Wissen, das du dir mit diesem Buch angeeignet hast, wird dir einen sicheren Stand geben und dir helfen, Verhandlungsziele auf intelligente Weise zu erreichen und gleichzeitig gute Beziehungen aufzubauen und zu pflegen.

An dieser Stelle möchte ich dir abschließend eine kleine Zusammenfassung mitgeben. Eine Komponente, die häufig stiefmütterlich behandelt wird, ist wie schon erwähnt die

Vorbereitung. Dabei ist es gut, sich vorab etwas Zeit zu nehmen und einige grundlegende Dinge festzulegen. Sie helfen, den Motivations-Pegel während der gesamten Verhandlung aufrechtzuerhalten und genau zu wissen, wann es Zeit ist, »Nein« zu sagen oder auf die »Stopp-Taste« zu drücken.

Ich habe dir gezeigt, wie du dich auf ein Gespräch vorbereitest, unabhängig davon, ob du dich auf deine natürliche Intuition verlassen möchtest. Je besser deine Vorbereitung ist, desto mehr Raum ist für spontane Ideen und Impulse. Wenn du weißt, was du erreichen möchtest und welche Ergebnisse dir wichtig sind, kannst du zielgerichtet und mit mehr Energie darauf hinarbeiten. Deine Planung wird dir zeigen, wie sehr dies dein Verhandlungsgeschick unterstützt. Du wirst entspannter, selbstbewusster und sicherer auftreten.

Plane im Voraus alles, auch deine persönliche Ausstrahlung und Wirkung. Du verfügst über alle diese Ressourcen und kannst sie nutzen. Dein mentaler Anker wird dir dabei helfen, diesen Fokus während der Verhandlung zu halten oder ihn in Sekundenschnelle wieder aufzugreifen, wenn dein Gegenüber dich aus dem Konzept bringt.

Ein weiterer Punkt war die Struktur. Mit meiner Anleitung kannst du sie vorab detailliert festlegen – mental oder noch besser schriftlich. Diese Struktur, als Teil der Einladung an deine Verhandlungsteilnehmenden, macht einen hochprofessionellen Eindruck und spart während der Verhandlung Zeit. Sie ermöglicht, souverän die Gesprächsführung zu behalten oder sie mit einfachen Mitteln zurückzugewinnen, wenn dein Gegenüber vom Thema abschweift. Mein Tipp ist klar: Bereite dich gut vor und versuche im Voraus zu erkennen, welche Ziele, Erwartungen, Fragen und Einwände dein Gegenüber in der Verhandlung haben könnte. Das ist schon die halbe Miete.

Wenn du das gemacht hast, ist es an der Zeit, die Verhandlung zu starten.

Nachdem du meine Tipps zur Begrüßung umgesetzt hast, startest du mit der Struktur, die du während der Vorbereitung erarbeitet hast. Sie dient als Leitfaden und hilft dir, deine Gesprächsführung zu behalten. Eine persönliche Vorstellungsrunde ist eine gute Idee, falls sich die Teilnehmenden nicht kennen. Stelle dabei sowohl dich als Person in deiner Position und Aufgabe als auch deine Firma zuerst vor. So entsteht von Anfang an Vertrauen, das für erfolgreiche Verhandlungen erforderlich ist.

Wie wir im Kapitel *Fragend zum Erfolg* gesehen haben, kommt es im Gespräch darauf an, gute und vor allem die richtigen Fragen zu stellen. Fragen führen, sammeln wertvolle Informationen und bringen die Unterhaltung in die gewünschte Richtung. Es gibt verschiedene Arten von Fragen, einige davon gehören zur Höheren Schule. Da du diese nun kennst, bist du automatisch in einer hervorragenden Position.

Fragen fordern Argumente heraus. Sei vorbereitet und überlege dir im Vorfeld, welche Argumente dein Ziel am besten unterstützen und welche am meisten Kraft haben. Du brauchst nicht viele Punkte vorzubereiten, aber die ausgewählten Fragen und Argumente müssen den Kern des Problems ansprechen. So kannst du die Gesprächsführung behalten.

Die erlernten Techniken in der Argumentation aus dem NLP erlauben dir, das Gespräch auf die von dir gewünschten Themen zu lenken und die Kontrolle über die Verhandlung zu behalten.

Nach der Verhandlung folgt die Nachbereitung. Dafür habe ich dir das Prinzip des Diamanten und des Schmetterlings vorgestellt. Beachte, dass »nach der Verhandlung immer auch vor der Verhandlung« ist und bereite dich stets auf die nächste Runde vor. Sei immer bereit, dort weiterzumachen, wo du aufgehört hast, um offene Punkte zu klären.

Mein letzter Rat zum Schluss: Üben – üben – üben. Das ist das Geheimnis. Menschen und menschliches Verhalten machen den Unterschied. Bei vielen dieser Techniken und Tipps mag es sich um kleine Details handeln, doch addiert ergeben sie das Rezept für erfolgreiches Verhandeln. Selten sind es die spektakulären Maßnahmen, die eine große Wirkung hinterlassen. Es ist oft eine Reihe von vielen kleinen Anwendungen, die das Ergebnis einer Verhandlung nachhaltig beeinflusst.

Und eines ist sicher: Du bekommst garantiert immer genau das, was du verhandelst!

BONUSKAPITEL

TIPPS UND TRICKS FÜR DEINE GEHALTSVERHANDLUNGEN

Meine Seminarteilnehmer fragen mich oft: »Wie sollen wir bei Gehalts- beziehungsweise Lohnverhandlungen vorgehen?« Der folgende Ablauf und die Tipps lassen sich für beides anwenden. Zugunsten der Lesbarkeit verwende ich vorwiegend den Begriff »Gehalt«.

Die beste Zeit für eine Gehaltsverhandlung ist während des Einstellungsprozesses; dies ist oft einfacher als während einer bestehenden Anstellung. Bedenke dies bei deiner Karriereplanung. Bei beiden Ausgangslagen gilt jedoch: Du bekommst stets, was du verhandelst.

Die Vorbereitung ist auch hier ein sehr wichtiger Teil der Verhandlung. Deswegen teile ich den Ablauf in »Vorbereitung« und »während der Verhandlung« auf.

Vorbereitung

Überlege dir im Vorfeld eine Antwort zu folgenden Fragen:

1. *Auf welche Quellen und Fakten kann ich meine Forderung stützen? An welcher Norm kann ich mich orientieren?*
   Ich empfehle dir, eine gründliche Recherche durchzuführen. Gute Quellen sind: Berufsverbände, diverse Sta-

tistiken zum Thema Gehälter und Erwerbseinkommen, Lohnrechner, Personal- und Stellenvermittlungen, Gespräche mit anderen Personen in ähnlichen Branchen oder mit Erfahrung bei Gehaltsverhandlungen. Suche am besten nach Hinweisen darauf, was handelsübliche Löhne in deiner Brache sind, bezogen auf deine fachlichen und menschlichen Qualifikationen.

2. *Wie sieht mein optimales Gehalt aus? Welche Bezahlung entlohnt mich fair für meinen Einsatz?*
   Überlege dir außerdem auch dein Minimalziel. Wann genau sagst du »Nein«? Welche ist die unterste Grenze?

3. *Was gibt es für Alternativen anstelle von mehr Gehalt?*
   Mach dir Gedanken zu verschiedenen Zusatzleistungen wie Firmenwagen, Parkplatz, Versicherungen, mehr Urlaubstage, Homeoffice-Möglichkeiten, Weiterbildung, Altersvorsorge, Spesen, Vergünstigungen und Rabatte für persönlichen Bedarf etc.

4. *Wie gestalte ich den ersten Eindruck?*
   Mach dir Gedanken über Kleidung, Begrüßung, Gesprächseinstieg und vielleicht auch, worauf du in Bezug auf die nonverbale Kommunikation achten möchtest.

5. *Was sind meine drei wichtigsten Argumente?*
   Erarbeite deine drei Argumente mit den 3 Bs gemäß Seite 122.

   Ein Beispiel: Angenommen, du hast bei einer bestehenden Anstellung viel zum Projekt »Website-Launch« beigetragen und konntest Zeitverzögerungen verhindern. Dann sage nicht einfach: »Aufgrund meiner Arbeit konnten wir die Termine einhalten«, sondern gehe wie folgt in die Tiefe:

- *Behauptung:* Auf Grund meiner Arbeit konnten wir Kosten einsparen.

- *Begründung:* Ich habe mit meinem Beitrag Zeitverzögerung verhindert.

- *Beispiel und Beweis:* Ab dem Zeitpunkt, als ich beim Jour Fixe letzten Juni, die Kollegen mit meinem Beitrag zu *smarten Zielen* überzeugen konnte, die Projektpriorisierung zu ändern, waren wir wieder auf Kurs. Dieser Beitrag von mir zeigt, wie man mit Fachwissen und einer freundlichen Hartnäckigkeit Kosten einsparen kann.

Tipp: Überlege, wie eine Gehaltserhöhung dem Team und der Organisation zugutekommen würde. Argumentiere aus verschiedenen Perspektiven, um deine Argumente zu stärken.

6. *Was sind die Bedürfnisse meines Gegenübers?*
Überlege dir, ob deine Verhandlungsteilnehmenden beziehungsweise die Geschäftsführung Budget haben, ob die Interessen und Standpunkte übereinstimmen sowie welche Bedürfnisse vielleicht auf der anderen Seite stehen.

7. *Wie ist meine Einstellung zu dieser Verhandlung?*
Lass deine Vorurteile und Glaubenssätze einfach mal weg.

8. *Wie möchte ich wirken?*
»Installiere« dir einen mentalen Anker gemäß Seite 24.

Während der Verhandlung

Gehalts- und Lohnverhandlung beim Einstellungsprozess: Bei einem Job- oder Positionswechsel befindest du dich in einer angenehmen Situation. Du kannst, ausgehend vom aktuellen Lohn und gemäß deiner Recherche in der Vorbereitung, einen Lohnaufschlag verlangen.

Bei einer Gehaltsverhandlung beim Berufseinstieg ist der Ablauf gleich wie bei einem Positionswechsel, hier ist die Recherche die Basis und vielleicht kannst du die Salami-Taktik, die Verhandlungstechnik gemäß Seite 118, anwenden. Zum Beispiel startest du in der Probezeit mit einem etwas tieferen Gehalt, danach vereinbarst du eine erste Erhöhung – und eine zweite oder dritte Erhöhung nach einer besonderen Weiterbildung oder einem speziellen Ereignis, beispielsweise wenn das geplante Projekt XY abgeschlossen ist.

Sollte deine Vorstellung nicht realisierbar sein, bewirb dich weiter, bis du die passende Position findest, bei der das Gesamtpaket stimmt. Sollte es gerade keine passende Stelle geben, kann auch eine Initiativbewerbung bei deinem Wunschunternehmen imponieren. Wichtig ist dabei vor allem eines: Verkaufe dich nicht unter deinem Wert. Das kann bei der anderen Partei Fragen aufwerfen und macht den Eindruck, du seist von dir selbst nicht voll überzeugt.

Bei jeder Gehaltsverhandlung, ob zum Berufseinstieg oder bei einem Job- oder Positionswechsel, gilt: Bleibe selbstbewusst und lege dir im Vorfeld passende Argumente zurecht.

Tipp: Auch wenn du direkt ein Lohnangebot bekommst, mach einen Gegenvorschlag; selbst dann, wenn du mit dem Angebot einverstanden bist. So kannst du deine Verhandlungskompetenz das erste Mal beweisen. Wann immer es möglich ist, akzeptiere das erste Angebot nicht direkt.

Je besser du im Vorfeld recherchierst, umso besser kann du, wenn es zum Thema Gehalt kommt, ein wenig ausharren oder etwas ausprobieren. Zum Beispiel könntest du die Frage »Von welcher Lohnsumme sprechen wir?« einfach überhören und im Gespräch fortfahren. Du könntest eine Pause mit festem Blickkontakt einlegen und etwas abwarten. Das Schweigen muss irgendwann gebrochen werden; vielleicht bricht dein Gegenüber die Stille mit einem Angebot. Wenn dies nicht funktioniert, dann kannst du anmerken, dass du zuerst gerne ein erstes Angebot als realistische Ausgangslage bekommen möchtest. Erst wenn auch das nicht funktioniert, rückst du mit deinem vorbereiteten Rahmen hervor.

Gehalts- und Lohnverhandlung während einer bestehenden Anstellung:
Recherchiere das Budget und versuche auszumachen, ob Budgetmittel für Gehaltserhöhungen verfügbar sind, bevor du in die Verhandlung einsteigst. Sollte es derzeit keine Budgetmittel dafür geben, dann finde heraus, ob die Führungsebene bereit wäre, dir eine Erhöhung zu geben, wenn sie Budget hätte. Wenn dies der Fall ist, bekommst du zwar keine Erhöhung, jedoch kannst du dann mitteilen, dass du bald wieder danach fragen wirst und gerne zuerst Bescheid bekommen möchtest, wenn sich die Budgetsituation ändert. Zudem kannst du fragen, was du sonst noch tun kannst, damit dein Anliegen mehr Gehör findet. Du könntest auch mit den vorbereiteten Zusatzleistungen auffahren, denn diese werden in der Unternehmensbuchhaltung nicht auf das Salär-Konto gebucht. Aufstiegs- und Karrieremöglichkeiten, Versetzungen ins Ausland, Weiterbildungen und Weiteres können ebenfalls attraktive, besondere Chancen beinhalten.

Tipp: Zeige deine Persönlichkeit, denn wie Jack Welch sagte: »We hire people because of their skills, and we fire them because of their personality.« (Quelle: Jack Welch, Ex-CEO General Electric) betone, was deine Persönlichkeit im Moment zur aktuellen Konstellation beiträgt.

Und nun mein allerletzter Tipp für dieses Buch:

Fasse Mut! Nur wenn du es versuchst, wirst du herausfinden, ob es funktioniert!

QUELLEN- UND LITERATURVERZEICHNIS

Benien, K. (2020). Schwierige Gespräche führen: Modelle für Beratungs-, Kritik- und Konfliktgespräche im Berufsalltag. Rowohlt TB.

Birkenbihl, V. F. (2013). Kommunikationstraining: Zwischenmenschliche Beziehungen erfolgreich gestalten. mvg.

Birkenbihl, V. F. (2014) Signale des Körpers: Körpersprache verstehen. mvg.

Cory, G. A., Jr. & Gardner, R., Jr. (2002). The Evolutionary Neuroethology of Paul Mac Lean. Bloomsbury.

Covey, S. R. (2022). Die 3. Alternative: Gemeinsam Konflikte klären, Probleme lösen und große Ziele erreichen. GABAL.

Dittrich, S. F. M. (2023). HypnoTalk: Das Milton-Modell, Cold Reading & andere hypnotische Sprachmuster. Books on Demand.

Fisher, R., Ury, W. & Patton, B. (2018). Das Harvard-Konzept: Die unschlagbare Methode für beste Verhandlungsergebnisse. DVA.

Gührs, M. & Nowak, C. (2014). Das konstruktive Gespräch: Ein Leitfaden. Limmer.

Harris, T. A. (1976). Ich bin o. k. Du bist o. k.: Eine Einführung in die Transaktionsanalyse. Rowohlt TB.

Hebb, D. O. (2014). Essays on Mind. Taylor & Francis.

Hüther, G. (2019). Würde: Was uns stark macht. Pantheon.

Janson, S. (2023). Do what I want: Manipulation techniques NLP. Best of HR.

Kirschner, J. (2016). Manipulieren – aber richtig: Acht erfolgreiche Strategien, mit denen Sie auf andere Menschen Einfluss nehmen. Knaur.

Le Bon, G. (2018). Psychologie der Massen. Nikol.

Long, A. & Schweppe, R. (2020). NLP-Praxis: Alte Denkmuster ablegen, Blockaden auflösen, optimal kommunizieren und das Gehirn auf Erfolg programmieren. Heyne.

Matschnig, M. (2021). Die Körpersprache der Lügner: Trickser und Schwindler entlarven. Gräfe & Unzer.

Mehltretter Drury, J. P. (2022). Argumentation in Everyday Life. SAGE Publications.

Müller-Reimann, E. (2018). Anwendungsorientierte Kommunikations- und Argumentationstechnik. Cuvillier.

Murphy, J. (2022). Entdecken Sie die Macht Ihres Unterbewusstseins neu. Ariston.

Nasher, J. (2023). Deal! Du gibst mir, was ich will! Campus.

Nasher, J. (2019). Überzeugt! Wie Sie Kompetenz zeigen und Menschen für sich gewinnen. Goldmann.

O' Connor, J. (2014). NLP – das Workbook. VAK.

Rosenberg, M. B. (2016). Gewaltfreie Kommunikation: Eine Sprache des Lebens. Junfermann.

Schulz von Thun, F. (2023). Miteinander reden 1–4. Rowohlt TB.

Schulz von Thun, F., Zach, K. & Zoller, K. (2012). Miteinander reden von A–Z: Lexikon der Kommunikationspsychologie. Rowohlt TB.

Stewart, I. & Joines, V. (2023). Die Transaktionsanalyse: Eine Einführung. Herder.

Watzlawick, P. (2015). Man kann nicht nicht kommunizieren. Hogrefe.

ABBILDUNGSVERZEICHNIS